蜂产品
加工与应用

李继莲　郭　军　主编

化学工业出版社

·北京·

本书以"蜂产品加工与应用"为主题，着重从蜂产品加工技术现状及发展方向、蜂产品加工的常规技术概述、蜂产品深加工技术及不同蜂产品加工技术等方面进行了介绍和阐述。本书内容具体实用，语言通俗易懂，方法简便易行，重点突出了生产实践中的主要技术环节，实用性强。

本书适合养蜂工作者、蜂产品加工人员、相关专业的大学生以及有关科研人员阅读参考。

图书在版编目（CIP）数据

蜂产品加工与应用 / 李继莲，郭军主编．— 北京：化学工业出版社，2018.2（2023.8 重印）
ISBN 978-7-122-30992-1

Ⅰ. ①蜂… Ⅱ. ①李… ②郭… Ⅲ. ①蜂产品-加工
Ⅳ.①S896

中国版本图书馆 CIP 数据核字（2017）第 277428 号

责任编辑：刘 军 张 艳 装帧设计：关 飞
责任校对：宋 夏

出版发行：化学工业出版社（北京市东城区青年湖南街 13 号 邮政编码 100011）
印 装：涿州市般润文化传播有限公司
710mm×1000mm 1/16 印张 10 字数 149 千字 2023 年 8 月北京第 1 版第 2 次印刷

购书咨询：010-64518888 售后服务：010-64518899
网 址：http://www.cip.com.cn
凡购买本书，如有缺损质量问题，本社销售中心负责调换。

定 价：48.00 元 版权所有 违者必究

本书编写人员名单

主　　编　李继莲　郭　军

编写人员（按姓名汉语拼音排序）

安亚娟　程　尚　郭　军　李继莲

刘　珊　唐裕杰　王刘豪　王瑞生

蜂产品包括蜂蜜、花粉、蜂王浆、蜂胶、蜂蜡、蜂毒和蜜蜂幼虫等,是营养全面的食疗佳品和保健品。蜂产品组分复杂,不但具有调节人体生理机能,提高免疫功能、增强体力、消除疲劳、抗衰老、抑制肿瘤和美容等作用,而且能辅助治疗多种顽疾,因此受到世界各国学者的关注,在蜂产品化学、药理作用和临床应用方面开展了大量工作。

我国是蜂产品生产大国,蜂产品产量和出口均居世界第一位,其生产及加工已经成为带动农民就业、增加农民收入的特色行业。但我国并不是蜂产品质量和加工强国,这主要是由于我国蜂产品产业链具有复杂、动态的特点,蜂产业法制和质量标准体系也不够完善,加上生产中存在的不良因素导致我国蜂产品加工产业发展缓慢。我国蜂产品的外销量占有很大的比例,但市场竞争力不强,蜂产品价格与养蜂发达国家相差甚远。

我国是一个地域辽阔、气候多样、蜜粉源植物分布丰富的国家,发展养蜂的潜力巨大。为了推动我国养蜂业的健康发展,增强国际竞争能力,必须在追求产量的同时,更加重视产品的质量安全和提高养蜂的总体经济效益。基于这个目的,在参阅大量文献和资料的基础上编撰了《蜂产品加工与应用》这本书。

本书主要从蜂产品加工技术现状及发展方向、蜂产品加工的常规技术概述、蜂产品深加工技术及应用等方面进行阐述,并对不同蜂产品加工技术及蜂产品的各项营养价值和功能进行了详细介绍,力求技术实用、语言简练、图文并茂。希望广大读者通过阅读此书,应用书中介绍的技术和方法,能够提高蜂产品的生产水平。

本书编写中大部分图片由编者团队拍摄,还有一部分图片由国内一些蜂业企业和校友等友情提供,他们是:北京百花蜂业科技发展股份有限公司的施海燕,云南中蜂科技开发有限公司的熊剑董事长,艾蜂堂(上海)科技有限公司的姚刚董事长，杭州蜂祥红生物科技有限公司的柳刚总经理，云南大关县甜蜜蜜养蜂专业合作社，安徽奇圣养蜂专业合作社的周其胜等也提供了部分图片，在此一并感谢。

由于作者水平有限，书中疏漏与欠妥之处在所难免，恳请广大读者和同仁们给予批评指正。

李继莲　郭　军

2017年12月

目录

第一章　蜂产品加工技术现状及发展方向　/ 1

第一节　我国蜂产品生产与加工业概况 ……………………………………… 1

第二节　蜂产品生产过程中安全性的影响因素 ……………………………… 3

　　一、养蜂场地卫生 …………………………………………………………… 3

　　二、个人卫生 ………………………………………………………………… 5

　　三、蜂产品生产过程的卫生 ………………………………………………… 5

　　四、生产用具的卫生 ………………………………………………………… 6

　　五、无污染机具 ……………………………………………………………… 6

　　六、容器卫生 ………………………………………………………………… 6

　　七、巢脾卫生 ………………………………………………………………… 6

　　八、病群禁止生产蜂产品 …………………………………………………… 7

　　九、蜂产品贮藏室卫生 ……………………………………………………… 7

第三节　蜂产品生产加工技术规范概述 ……………………………………… 7

　　一、蜂场环境 ………………………………………………………………… 7

　　二、蜜粉源 …………………………………………………………………… 9

　　三、养蜂机具 ………………………………………………………………… 10

　　四、引种 ……………………………………………………………………… 10

　　五、人员 ……………………………………………………………………… 10

　　六、饲料 ……………………………………………………………………… 10

　　七、春季管理 ………………………………………………………………… 10

　　八、蜂群治螨、用药 ………………………………………………………… 10

第四节 蜂产品的质量管理···11

　　一、蜂产品的质量管理体制··11

　　二、蜂产品的标准化管理··12

第五节 我国蜂产品发展存在的问题···13

第六节 我国蜂产品加工技术的发展方向·······································15

第二章 蜂产品加工的常规技术　/　20

第一节 蜂蜜的常规加工··20

第二节 蜂王浆的常规加工··23

第三节 蜂花粉的常规加工··23

第四节 蜂蜡、蜂胶和蜂毒等蜂产品的常规加工·································24

第三章 蜂产品深加工技术　/　26

　　一、膜分离的分子蒸馏技术··26

　　二、特殊浸提技术··29

　　三、冷杀菌技术··31

　　四、微胶囊化技术··32

　　五、真空冷冻干燥··32

　　六、超微细粉化技术··33

　　七、辐照技术··34

　　八、转基因技术··34

　　九、无菌包装··34

　　十、食品气调保鲜技术··34

　　十一、高压加工技术··35

　　十二、蜂产品包装和食品机械··35

　　十三、蜂产品的质量检验··35

　　十四、先进质量控制系统技术··37

　　十五、绿色生产加工技术··37

第四章　蜂蜜及其加工工艺　/ 39

第一节　蜂蜜的分类、等级和质量标准················39
　一、蜂蜜的主要分类·····································40
　二、蜂蜜的等级和质量标准·····························46
第二节　蜂蜜的成分和特性····························48
　一、蜂蜜的成分·······································48
　二、蜂蜜的特性·······································51
第三节　蜂蜜的鉴别和贮存····························53
　一、蜂蜜的鉴别·······································53
　二、蜂蜜的贮存·······································53
第四节　蜂蜜的营养及价值····························54
第五节　蜂蜜的加工··································55

第五章　蜂胶的加工及其利用　/ 63

第一节　蜂胶的分类、等级和质量标准················63
第二节　蜂胶的成分和特性····························66
　一、黄酮类化合物·····································67
　二、酸类化合物·······································69
　三、醇类化合物·······································69
　四、脂类化合物·······································69
　五、常、微量元素·····································69
　六、醛、酚、醚类化合物·······························69
　七、萜烯类化合物·····································69
　八、蜂胶中的其他成分·································70
第三节　蜂胶的鉴别和贮存····························71
第四节　蜂胶的营养及价值····························71
第五节　蜂胶的加工··································72
　一、蜂胶活性物质的分离提取···························72

二、蜂胶成品加工 74

三、蜂胶类产品 76

第六章 蜂王浆及其加工应用 / 78

第一节 蜂王浆的分类、等级和质量标准 78

第二节 蜂王浆的成分和特性 80

　　一、蜂王浆成分 80

　　二、蜂王浆的特性 81

第三节 蜂王浆的鉴别和贮存 82

第四节 蜂王浆的营养及价值 83

第五节 蜂王浆中的雌激素 85

　　一、蜂王浆中的性激素及其"性激素样作用" 85

　　二、正确看待蜂王浆的副作用 87

第六节 蜂王浆的加工 88

　　一、蜂王浆的过滤 88

　　二、蜂王浆的真空冷冻干燥 88

第七章 蜂花粉的加工工艺及其应用 / 93

第一节 蜂花粉的成分 95

第二节 蜂花粉的加工流程 96

第三节 蜂花粉的应用 106

第八章 其他蜂产品的加工工艺及其应用 / 111

第一节 蜂蜡及其加工技术 111

　　一、蜂蜡的简介 111

　　二、蜂蜡的分类与成分 111

　　三、蜂蜡的感官检验 113

　　四、蜂蜡的加工流程 114

五、蜂蜡的加工用途 ··· 115

第二节　蜂毒及其加工技术 ·· 117

一、蜂毒的简介 ··· 117

二、蜂毒的理化性质 ··· 117

三、蜂毒的采收 ··· 118

四、蜂毒的药理作用 ··· 119

五、蜂毒疗法的应用 ··· 120

六、蜂毒疗法应注意的问题 ·· 121

第三节　蜜蜂幼虫及蛹的加工技术 ·· 123

一、蜜蜂幼虫、蛹的简介 ··· 123

二、蜜蜂幼虫、蛹的成分及价值 ·· 123

三、蜜蜂幼虫、蛹的加工 ··· 125

四、蜂蜜躯体的应用 ··· 127

第九章　蜂产品的营销模式及发展 / 129

第一节　我国蜂产品的销售模式现状 ······································ 129

一、我国蜂产品的市场贸易体系已基本形成 ···································· 129

二、蜂产品经营模式的转变 ·· 133

三、国内市场信誉危机 ··· 141

四、国际市场不容乐观 ··· 142

第二节　蜂产品市场营销发展模式探讨 ···································· 142

一、规范市场 ··· 142

二、营销团队建设 ··· 143

三、建立企业自身的营销模式 ·· 143

参考文献 ··· 145

第一章
蜂产品加工技术现状及发展方向

第一节　我国蜂产品生产与加工业概况

　　蜂产品包括蜂蜜、蜂王浆、蜂胶、蜂蜡、蜂蛹、蜂毒和蜂王幼虫等，是营养全面的食疗佳品和保健品。蜂产品成分复杂，含有多种氨基酸、维生素和矿物质，不但具有调节人体生理机能、消除疲劳、增强体力、提高免疫功能、抗衰老和美容等作用，而且还能辅助治疗多种疾病。由于蜂产品的巨大价值，国内外学者开始了相关方面的研究，并且在蜂产品的产品开发、化学、药理作用和临床应用等方面开展了大量的工作。

　　我国是世界养蜂大国，无论是蜂群数量，还是蜂产品产量均名列世界首位。目前，全国的蜜蜂饲养总量为910万群，占世界蜂群总数的11.1%。我国蜂蜜产量从2005年的29.32万吨上升到2014年的46.82万吨，十年增长17.5万吨。2015年我国蜂蜜行业产量约50.5万吨，同比2014年的46.82万吨增长了7.86%。2015年我国蜂胶生产及市场基本情况与2014年相差不大。2015年，我国蜂胶毛胶的总产量约500吨，与上年基本持平，处于供不应求状态。由于蜂胶产量供不应求，给了不法分子可乘之机，致使伪劣、假冒蜂胶充斥蜂胶市场，造成蜂胶原料产品质量参差不齐。我国是蜂王浆生产和出口大国。世界90%以上的蜂王浆都产自中国。长期以来，我国蜂王浆市场主要以国内市场为主，兼顾国际出口。2013年，国际市场创历史新高，首次超出国内市场。2015年我国蜂王浆出口量713.8吨，金额为1913万美元，分别同比下降3.90%和5%。

发展蜂业不占耕地，无污染，投资小，见效快，目前，我国许多地区都将发展蜂产业作为帮助农民脱贫致富的好项目，若加以扶持和推广，成效将非常明显。而与蜂产业息息相关的蜂产品加工业更是一个高附加值的产业，对蜂产品进行初加工，可达到改善品质、方便贮运和使用的基本要求；对蜂产品进行深加工，还能达到扩大蜂产品应用范围、增强应用效果、提高使用价值等要求。众所周知，蜜蜂能为人类提供营养丰富、保健性能强和纯天然的蜂产品，如蜂蜜、蜂王浆、蜂花粉、蜂胶、蜂毒、蜂蜡等。随着人们生活水平的提高和保健意识的增强，越来越多的消费者开始关注蜂产品。随着科技的发展，蜂产品的产品种类也不断拓展（图1-1～图1-3），逐渐开始满足消费者的各种需求。

蜂产品是营养最全面的食疗佳品，蜂蜜素来有"大众的补品""老年人的牛奶"之称，蜂王浆有"强生健体、抗衰老"的美誉，蜂胶则被喻为"天然广谱抗生素和天然免疫增强剂"，蜂花粉则有"浓缩的维生素"和"微型营养库"的美称。实验表明，蜂产品的成分复杂，含有多种生理活性很强的物质，不但具有调节人体身体技能、提高免疫力、增强体质、消除疲劳、降血脂、降血糖、抑制癌细胞、抗衰老、美容等功效，而且对多种疑难杂症有辅助治疗作用。由此可见，在我国发展养蜂业及蜂产品加工业具有重要意义。

◎ 图1-1　蜂王浆面膜

◎ 图1-2　蜂王浆面膜产品　　　　　　　◎ 图1-3　蜂毒面膜

第二节　蜂产品生产过程中安全性的影响因素

蜂蜜、蜂花粉、蜂王浆等蜂产品是天然营养品，但在生产过程中因为种种因素可能产生污染，为预防这些污染的产生，应从以下几个方面避免污染。

一、养蜂场地卫生

养蜂场地要选择环境幽静、绿化条件好和安静清洁的地方（图1-4～图1-7）。最好设在果园、苗圃、草坪等绿色植物掩蔽的地方。远离大粪场、垃圾站、畜禽舍、污水沟等污染源。转地放蜂也要选择清洁场地，不宜放在肮脏的地方和公路旁，为保证养蜂场清洁卫生，养蜂场不宜混养畜禽，以免畜禽活动污染蜂产品。长期定地的养蜂者应在蜂场周围广泛种植花草树木，完全用蜜源植物绿化蜂场，并远离城镇，确保蜂场周围5公里范围内无糖厂、化工厂及一些污染严重的工厂。在这种生态环境较好的场地生产出来的蜂产品才称得上是纯天然的绿色营养品，质量经得起检测。

◎ 图1-4　原生态蜂蜜生产基地

◎ 图1-5　定地蜂场

◎ 图1-6　原生态养蜂基地

⊙ 图1-7 中蜂养蜂基地

二、个人卫生

养蜂人应养成良好的卫生习惯，经常洗澡，勤剪指甲，饭前便后洗手，衣服鞋帽袜常洗，移虫、取浆、取蜜时不要吸烟，不宜吃气味不宜的食物，如臭豆腐、臭鱼、臭蛋等，养成饭后漱口，每天刷牙的习惯。

三、蜂产品生产过程的卫生

蜂场应有严格的卫生要求，形成制度。如用具刷洗与消毒，室内消毒与洒水，工作人员穿工作服与洗手等。移虫、取浆、分蜜时应穿干净的白大衣、戴白色帽子（掩住头发以防止头皮屑掉入蜂产品中）、口罩，洗净双手（用香皂洗手，操作时再用75%的酒精棉球擦手）。取浆时严禁吸烟。严禁把移虫针、取浆笔放在口里舔，以免污染蜂产品。

四、生产用具的卫生

生产王浆、蜂蜜、蜂花粉等的用具均要保持清洁，如割蜜刀、摇蜜机、移虫针、刮浆匙（或刮浆笔）、割台刀、脱粉器等，用前要刷洗消毒，能煮沸的最好用煮沸消毒法，不宜拿过来就用。移虫针或采浆匙等也可浸在75%的酒精中消毒。不能煮沸的大件，如分蜜机，可用碱水刷洗，再用清水洗净，但不宜用石炭酸、米苏儿等有毒的消毒药消毒蜂机具，以免污染蜂产品。

五、无污染机具

蜂蜜从蜂巢中取出，必须经过分蜜机这一关。目前，大部分蜂农使用的分蜜机已十分陈旧，锈迹斑斑，内外都很脏，应予及时更新。蜂产品可谓纯天然绿色食品，采收过程中不宜受到任何污染，生锈的旧分蜜机，虽然可刷洗但不能彻底除锈，故不宜使用。另外，滤蜜器用尼龙纱，不用铁纱。

六、容器卫生

盛蜜、盛王浆的容器等均要洗干净，再煮沸消毒。盛蜜用的较大容器，如装蜜专用桶、缸、罐等，要用碱水反复刷洗，再用清水洗净。最好使用新玻璃瓶装蜜，如果用旧瓶，经刷洗后再经高压消毒后方可再用。一般煮沸消毒都还达不到要求，因为煮沸消毒不能完全杀死细菌的芽孢。大宗装蜜用专用蜜桶，而不可以使用普通铁桶，以免造成金属污染。专业用蜜桶如使用多年，内壁保护层脱落或已生锈，则不宜再用。

七、巢脾卫生

生产蜂产品的巢脾要专用，最好用1~2年的新脾，贮于清洁的蜂箱中，随用随加在蜂箱里。老黑脾、发霉脾、巢虫蛀过的巢脾，均应淘汰化蜡，不宜用来生产蜂产品。另外，喷过杀螨剂、抗生素的巢脾以及过冬遭受鼠害的巢脾，均不宜再用。遭过鼠害的巢脾一律化蜡，遭过鼠害的蜂箱要彻底用碱水洗刷再用火焰喷灯消毒再用。运送巢脾要用专门的小箱，不宜随便将巢脾放在地上。所有的蜂具，均不宜随便放在地上，以免被泥土污染。

八、病群禁止生产蜂产品

患病蜂群应隔离治疗，发现病群应立即从蜂场中搬走，运到5千米外的地方进行隔离治疗。病群不可再生产蜂产品，禁止用病群中的幼虫生产王浆，应待病群治好后观察一段时间再恢复生产，最好将病巢脾全部化蜡，换上新脾。病群用过的蜂具要消毒后再用，蜂箱可先用火碱水刷洗，再用喷灯火焰消毒。

九、蜂产品贮藏室卫生

蜂产品要用专库贮存，不可与化肥、农药、煤油、汽油等共贮一室。室内应先清理干净，天棚及墙壁要刷白，地面采用水磨石或铺瓷砖。室内应无鼠、无蚊蝇、无蟑螂，特别是无鼠最重要。灭鼠、灭蚊蝇不宜用有毒药物，以免污染蜂产品。室内保持通风良好，设纱窗防止蜜蜂嗅到蜜味飞入。室内保持干燥勿潮湿，采光良好勿阴暗，无异味。转地放蜂者应携带小型冰柜贮藏王浆，以便王浆取出后能及时冷藏。用电问题可以与当地居民协商。

第三节 蜂产品生产加工技术规范概述

蜂产品的原料主要包括蜂蜜、蜂王浆、蜂花粉、蜂胶、蜂毒、蜂蜡、雄蜂蛹及蜂王幼虫等，这些全部来自养蜂场，因此蜂场的科学管理是生产健康、无公害蜂产品的重要保障。

一、蜂场环境

蜂场周围空气质量符合GB 3095中环境空气质量功能区二类区要求。蜂场场址应选择地势高燥、背风向阳、排水良好、小气候适宜的场所（图1-8～图1-10）。蜂场附近要有便于蜜蜂采集的良好水源，水质符合NY 5027中幼畜禽的饮

◉ 图1-8　养蜂场地

◉ 图1-9　香格里拉养蜂场

用水标准。蜂场周围5千米范围内无大型蜂场和以蜜、糖为生产原料的食品厂（图1-11）、化工厂、农药厂及经常喷洒农药的果园。

◎ 图1-10　香格里拉中蜂场

◎ 图1-11　糖厂

二、蜜粉源

　　距蜂场3公里范围内应具备丰富的蜜源植物。定地蜂场附近至少要有2种以上主要蜜粉源植物和种类较多花期不定的辅助蜜粉源植物。半径5公里范围内存在有毒蜜粉植物的地区，有毒植物开花期，不应放蜂。主要有毒植物为雷公藤、博落回、藜芦、紫金藤、苦皮藤、钩吻、乌头等。

三、养蜂机具

蜂箱、隔王板、饲喂器、脱粉器、集胶器、王台条应选用无毒、无味材料制成。分蜜机应选用不锈钢或全塑无污染分蜜机。割蜜刀应选用不锈钢割蜜刀。

四、引种

不应从疫区引进生产用种王、种群或输送卵虫养王。

五、人员

蜂场工作人员至少每年进行一次健康检查，传染病患者不得从事蜜蜂饲养和蜂产品生产工作。

六、饲料

饲养蜂群的蜂蜜、糖浆、花粉，或花粉代用品要经过灭菌处理。不得使用重金属污染。发酵的蜂蜜，不要使用生虫、霉变的花粉或花粉代用品作为蜂群饲料。花粉代用品不得添加未经国家有关部门批准使用的抗氧化剂、防霉剂、激素等。

七、春季管理

蜂场净化设置喂水器并定期清洗消毒。对蜂群做全面检查，清除箱底死蜂、蜡渣、霉变物、保持箱体清洁。密集群势，保持强群繁殖。

八、蜂群治螨、用药

应符合《无公害食品　蜜蜂饲养药物使用准则》NY XX65的规定。

第四节 蜂产品的质量管理

我国十分重视对蜂产品生产、加工、销售的质量监督管理，并已建立起一套严密的控制体系，这对维护蜂产品的市场声誉，保护消费者利益，起到积极的促进作用。实施全面质量管理，严格把好质量关。出口优质蜂产品是我国蜂产品立足国际市场的唯一出路。我国加入WTO，虽然有利于蜂产品对外贸易环境的改善，但蜂产品的质量得不到根本解决，就很可能被挤出国际市场，因此，有必要对蜂产品实行全面质量监管。

一、蜂产品的质量管理体制

中国蜂产品的质量管理，分纵向与横向两大管理体系。按照国家机关的职能分工，国家质量监督检验检疫总局是国务院的质量行政管理部门，负责全国各部门、各地蜂产品的质量管理。它通过各省、自治区、直辖市的技术监督局或标准局，实施从中央到地方的纵向管理。一些与蜂产品有关的部门，如农业部等，国家质量监督检验检疫总局对他们负有质量管理指导职责。蜂产品的国家标准，首先由国家质量监督检验检疫总局提出计划，指定有关部门起草后，再报其审批颁发；各部门制定的蜂产品专业标准，也必须报送国家质量监督检验检疫总局备案后方能在本系统本行业贯彻实施，各蜂业职能部门之间通过国家质量监督检验检疫总局横向调节，去实现不同内容的质量管理。1986年颁发的《养蜂管理暂行规定》的第九条指出："蜂产品的生产、收购、加工和销售，必须符合国家有关规定，保证质量，防止污染。蜂产品严禁掺杂造假、粗制滥造和用腐败变质的原料加工、制造。违者，当地养蜂生产主管部门应配合有关部门，视情节轻重分别予以罚款、没收产品。造成严重后果，触犯法律的移交司法部门处理。商业部门主要是从经营领域管理蜂产品质量。1982年以来，原国家商业部先后起草了蜂蜜、蜂蜡、蜂王浆、蜂花粉等产品标准，是质量管理有了法规依据。1991年，原商业部、农业部、原经贸部与原国家工商行政管理局共同制定了一个蜂产品质量管理办法，以规范各部门的管理行为。近年来，国外对我国蜂产品的出口质量要求越来越严格，因此，相关蜂业管理部门应加大蜂业管理力度，推广标准化管理制度。

二、蜂产品的标准化管理

（1）国家或行业标准　中国蜂产品的标准化工作始于20世纪60年代中期，至20世纪80年代有长足进步。到1991年，蜂王浆、蜂花粉、蜂蜜、蜂蜡等主要蜂产品均已颁布国家或行业标准。2002年7月农业部又制定了蜂王浆、蜂花粉、蜂蜜、蜂胶等主要无公害蜂产品的行业标准，已于同年九月颁布施行。国家标准主要为蜂蜜包装、蜂蜜卫生标准、蜂王浆标准、辐照卫生标准、蜂花粉标准及蜂蜜中四环素族抗生素残留量的测定方法及限量标准，其余为农业部等颁布的行业标准（表1-1）。

表1-1　20世纪80年代后我国颁布的蜂产品标准情况

标准名称	标准类型	标准代号	备注
蜂蜜质量标准	国家标准	GB 14963—2011	强制
蜂蜡质量标准	行业标准	QC-TS—048—01	推荐
蜂王浆质量标准	国家标准	GB 9697—2008	强制
蜂花粉质量标准	国家标准	GB/T 30359—2013	推荐
蜂蜜中四环素族抗生素残留量的测定	国家标准	GB/T 5009.95—2003	推荐
蜂蜜中四环素族抗生素残留量测定方法　酶联免疫法	国家标准	GB/T 18932.28—2005	推荐
蜂胶标准	国家标准	GB/T 24283—2009	推荐
蜂蜡标准	国家标准	GB/T 24314—2009	推荐
辐照花粉卫生标准	国家标准	GB 14891.2—1994	强制
蜂蜜中双甲脒残留量的测定与相色谱—质谱法		农业部781号公告—2006	推荐
出口蜂王浆及干粉中维生素B_6检验方法	行业标准	SN/T 0549—1996	推荐
出口蜂蜡中碳氢化合物检验方法	行业标准	SN/T 0621—2013	推荐
蜂花粉标准	行业标准	GH/T 1014—1999	推荐
出口蜂蜜中氟氯氰菊酯残留量检验方法—液相色谱法	行业标准	SN 06—2002	推荐
无公害农产品　生产质量安全控制技术规范　第10部分：蜂产品	行业标准	NY/T 2798.10—2015	推荐
无公害食品蜜蜂饲养管理准则	行业标准	NY/T 5139—2002	推荐

（2）地方标准　关于目前既无国家标准又无行业标准的某些蜂产品的加工制品，可由重点产区制定地方标准，经国家质量监督检验检疫总局和上级业务主管部门备案后实施。

（3）企业标准　中国一些较大蜂产品经营和加工企业，为了提高本企业产品在国内和国际市场的竞争力，在执行国家和行业标准的基础上，制定了各项指标都高于国家和国际标准的企业标准。企业标准起草之后，同样需报国家或省级标准化行政管理部门与本企业的上级行政管理部门审批、编号后方能实施。

企业标准通常有两种：一种是在现有的国家标准和行业标准的基础上指定的企业标准。如我国负责蜂蜜、蜂王浆出口的某些大型企业制定的标准，其蜂蜜的含水量为18%以下，蜂王浆的10-羟基-2-葵烯酸则为1.8%以上，均高于国家标准或国际标准规定的指标；另一种是国家和行业均无指标，企业为了开发某种产品而制定的企业标准。

第五节　我国蜂产品发展存在的问题

随着我国加入WTO，养蜂业面临前所未有的机遇与挑战。作为国际贸易对象之一的蜂产品及其加工产品，其质量的优劣，产品中高科技含量的多少也将在蜂产品贸易中起重要作用，我国蜂产品及其加工产品目前主要是以初产品、半成品及少量产品出口，出口产品的总体科技含量还不高。中国入世以后，虽然WTO各成员国相继放宽了对中国农产品的关税、配额限制，但农产品出口量并未大幅度增加，相反有些品种的农产品出现了锐减。在关税配额等传统贸易壁垒逐渐消失的同时，名目繁多的环保卫生要求构成的技术堡垒又出现了。这种堡垒更加隐藏，更难应付，有人称之为"绿色堡垒"。2002年3月，在这些"绿色堡垒"的狙击下，中国蜂蜜损失惨重，据来自天津海港海关消息，自2002年2月中下旬开始，美国食品标准局在市场抽样检测中查到我国蜂蜜中氯毒素超标，建议商店停售产自中国的蜂蜜。这是继2002年1月31日，欧盟委员会有关机构全面禁止进口中国动物源性食品后通过的又一不利于我国产品出口的决议。2002年2月底，欧盟通知其各成员国，对所有工厂、仓库以及包装上市的中国蜂蜜予以加强检查，不合格予以查封、退货或销毁。随后，日本、加拿大、美国等蜂蜜主要进口国都纷纷加强了对我国蜂蜜的检验。在这种情况下，从2002年3月开始，中国蜂蜜的出口遭到重创，此后相当长一段时间，欧美各国纷纷制订更加严格的、卫生新标准。以欧盟为例，对于茶叶制品，欧盟宣布禁止使用的农药从旧标准的29种增加到新标准的62种，部分农药标准比原标准提高了100倍以上。针对蜂蜜，欧盟提出，蜂蜜中的氯霉素不能超过$0.1\,\mu g/kg$，也就是说10万吨蜂蜜不能含有1g氯霉素含量。正是这项新的规定，使蜂蜜行业也成为中国入世伊始损失最为惨重的行业之一。造成这一局面的最根本的原因，是我国近年来蜂产品质量的下降。主要原因有以下几点。

1. 缺乏有效的宏观管理和相关的法律标准

在我国已加入WTO的情况下，标准工作的滞后已严重地制约了行业的发展，因为：标准化是实施科学管理和现代化管理的基础。我国加入WTO，如果蜂产品不符合国际标准，必将给出口创汇带来阻力。并且，我国蜂产品的质量监督体系还不够完善，与发达国家相比，差距较大，如对蜂产品检测，存在着检测水平差、数据不准确、国家投入经费少、仪器设备落后等问题，加入WTO后，要与国际接轨，还有大量工作要做。

◉ 图1-12　国外的大型蜂场（a）

2. 在生产、加工、销售等诸多环节上缺乏健全的监控体系

中国的养蜂业存在着生产分散、生产规模小、技术水平低、对市场信息反应迟钝等特点。因此，养蜂业要尽快形成规模化（图1-12、图1-13）、标准化生产，在生产方式、卫生质量等方面与国家接轨。在生产、加工、销售等诸多环节上建立全检测体系，从根本上解决有害物质的残留问题。

◉ 图1-13　国外的大型蜂场（b）

针对上述问题，农业部提出了"无公害食品行动计划"，就我国养蜂业及无公害蜂产品加工技术而言，其主要措施和对策为：

① 从推进蜂产品加工业发展出发，继续调整和优化农业结构、培育和建立优质蜂产品加工体系。

② 按照国际惯例，建立健全蜂产品及其加工品生产的标准体系、质量保证体系和产品检测体系，提高蜂产品原料生产的优质化程度。

③ 因地制宜发挥地理、区域、生态优势，建立绿色生态型蜂产品生产基地。

④ 加快蜂产品加工贮运技术的研究与设备开发进程，提高蜂产品加工业、贮藏、运输、贸易等产业在农村经济中的比重。

⑤ 按照蜂产品及其加工产品商标化、名牌化模式，建立优质蜂产品生产基地。

⑥ 依托蜂产品加工、贸易龙头企业，按照产业化模式，进一步完善"公司+基地+蜂农"的生产体系。

⑦ 扶持和培养一批蜂产品加工型研究机构与专业人员，提高蜂产品及其加工产品开发的技术力与人力水平。

总而言之，中国蜂产品加工业要想在国内外市场上有所作为，增加蜂农收入，必须在提高质量、增加技术含量上下工夫。也就是说提高蜂产品加工业的科技装备水平及技术创新能力，是实现蜂产品加工业的快速、健康发展的动力，也是实现中国由蜂产品生产型大国向蜂产品生产加工、出口贸易型强国转变的关键所在。我们深信，面对加入WTO带来的机遇与挑战，在国家有关部门的重视和支持下，在广大养蜂工作者和养蜂科技人员的共同努力下，养蜂业及无公害蜂产品加工业一定会迎头赶上，尽早与国际接轨。

第六节 我国蜂产品加工技术的发展方向

随着国内外对蜂产品研究的不断深入，蜜蜂营养和功能的研究不断深入，蜂产品新的营养成分及功能活性也将不断被发现，其保健和临床应用将会越来越广泛。但目前蜂产品在加工过程中所存在的问题依旧严重，要解决这些问题需要各级领导、蜂业主管部门、学会、协会、蜂业企业、养蜂合作社以及广大蜂农共同努力，才能使这些问题在中国蜂业内部逐步统一起来，才能开创一个崭新的蜂业局面。

近年来，各国的蜂产品加工工艺不断发展，工艺流程逐步趋向一致。从整个行业的发展看，蜂产品加工的发展趋势主要体现在以下几个方面。

1. 加工技术、加工设备及加工工艺发展趋势

当前世界经济发达国家的保健食品大部分已发展为第3~4代产品。不仅有严格的动物和人体实验数据，而且还要明确对人体的作用机制，确定功能因子，根据功能因子进行人工合成，制成药物，蜂产品在医药上的应用将成为今后的发展趋势。

对蜂蜜加工而言，蜂蜜加工工艺的选择需结合蜂蜜的自身特点适度加工，加工时温度越低越好，高温时间越短越好，温度过高，持续时间过长对蜂蜜酶值、抗菌能力、羟甲基糖醛含量、维生素损失等方面有极大的影响。因此，冷过滤技术将是蜂蜜加工的一大发展趋势。

花粉中功能因子（如SOD、核酸、牛磺酸、花粉多糖等）的作用机理以及生物功能与结构的关系将成为今后研究的重点之一。以花粉为原料制成的化妆品也将成为花粉深加工的一个发展方向。如何依靠新的加工工艺和设备筛选分离出这些功能因子也是蜂产品加工的发展方向之一。

对不同植物和地区来源蜂胶组分的研究将成为今后蜂胶的研究方向之一。在蜂胶的药理、药效方面，单一组分和不同组分协同作用的机制研究将是发展趋势，尤其是对蜂胶中黄酮类化合物和咖啡酸的抑制病菌的作用机理的研究将成为研究重点。蜂胶的加工趋势是与医疗行业相结合，往深加工方向发展，尤其是制成治疗咽喉炎、心血管疾病、抗肿瘤、预防感冒的药物以及开发复合蜂胶制品。

蜂毒中有效成分对各种病症的作用效应，尤其是分子水平上的机制研究将是蜂毒研究的发展趋势，目前国内针对蜂毒的加工基础和设备比较薄弱，便于蜂农使用的便携智能蜂毒采集装备将是未来的发展趋势。蜂蛹的医疗保健作用、营养食用价值及药效毒性等，将是今后蜂幼虫的研究重点。

在食品行业，生物技术和新的食品加工技术将不断地被应用到蜂产品中，有针对性和营养性保健品的开发具有很好的发展前途，如超高压食品加工技术将应用于蜂蜜加工中。

2. 蜂产品市场的需求及发展趋势

目前世界人均蜂蜜消费量为200g，市场发展前景很好。发达国家人均蜂蜜消费量较高，其中以加拿大人均消费蜂蜜量最大，平均每人年消费700g蜂蜜，美国人均年消费量为558~620g。从总体看，国际市场对蜂蜜、蜂王浆、蜂花粉、蜂胶等主要蜂产品的需求量将稳步增长，并随着蜂产品深加工技术的开发利用，不断向医药保健品、化妆品方向发展，其附加值不断提高，因此经济效益呈上升趋势。随着互联网+、网络营销等发展，蜂产品的销售方式也不断更新，未来蜂产品的销售对国内蜂产品的初加工的要求越来越高，浓缩蜜逐步会被高浓度的天然成熟蜜所取代，针对天然成熟蜜的加工设备也将不断革新。

3. 标准与质量控制体系

发达国家对蜂产品以及养蜂机具的质量标准和生产标准要求会更高，不断制订新的技术标准以保证和提高蜂产品质量，尤其是在农药残留和抗生素残留问题上将提出更加苛刻的技术标准。如欧盟有专门针对蜂蜜的指令（EEC2377/90，2001/110/EC，96/23/EC，2002/657/EC）对蜂蜜的农药残留（杀虫脒、抗生素、磺胺等）有详细的规定，各大型的生产企业也有各自的质量控制体系。因此，未来蜂产品加工行业对质量认证体系需求会更加旺盛，如ISO9000，15014000，SEQ2000，HACCP等。

4. 企业发展趋势

蜂产品企业的发展将出现两方面的分化：一方面继续从事蜂产品原材料的分装与销售，这是主流；另一方面将转向蜂产品的深加工，向药品、保健品、化妆品方向发展。另外，蜂产品的加工还有去加工化的发展趋势，近两年来国外流行的自动取蜜蜂箱的发明，也将不断满足家庭对成熟蜂蜜的需求，逐渐走向DIY（自己养蜂并生产成熟蜂蜜）模式（图1-14、图1-15），即不需要经过任何人为加工直接过滤装瓶。另外，生产成熟蜂蜜也将逐渐取代目前的浓缩蜂蜜加工，一些企业

⊙ **图1-14　自动取蜜蜂箱（a）**

◎ 图1-15　自动取蜜蜂箱（b）

已经开始生产天然成熟蜂蜜，并在其工厂内增添了相关设备（图1-16~图1-18）。

　　尽管蜂产品领域已经取得了长足的进步，尤其是在产品品种、生产工艺、有关标准化文件和法规方面，但今后的蜂产品一定要实现品种多元化，不断拓宽应用范围、大力推行生产标准化和规模化生产，进一步促进国内外蜂产品的进步和发展。

◎ 图1-16　整箱脱蜜盖车间（a）

◎ 图1-17　整箱脱蜜盖车间（b）

◎ 图1-18　成熟蜂蜜灌装生产线

第二章
蜂产品加工的常规技术

蜂产品生产出来后，为了提高和改善蜂产品的品质、简化蜂产品的保存和运输条件，方便分装或包装而对蜂产品所进行的加工，称为蜂产品的常规加工。具体加工方法将在后续各章详细介绍。

第一节　蜂蜜的常规加工

蜂蜜的初加工包括蜂蜜的过滤、解晶液化、杀酵母与破晶核、脱色脱味、促结晶和蜂蜜的浓缩加工等。

蜂蜜的过滤分粗滤〔图2-1（a）、图2-1（b）〕和精滤，目的是除去杂质。粗滤是要求使用60目以下的滤网，主要是去除蜡屑、蜂尸、幼虫等较大的杂质；精滤是要求使用80目以上的滤网，目的是去除花粉之类粒径很小的杂质，使蜂蜜更加清澈透明。过滤的一般设备有板框压滤机、叶滤机等。

蜂蜜的解晶液化也称融蜜（图2-2、图2-3），通常采用加热的方法使结晶的蜂蜜液化。生产中可按实际需要使用热风式控温烘房内加热解晶液化或水溶及蒸汽溶解晶液化等方法。无论使用那种方法，温度都应控制在40~43℃。

（a）蜂场用的蜂蜜过滤器

（b）蜂蜜的过滤

图2-1　蜂蜜的过滤

◉ 图2-2　四周加热的融蜜装置

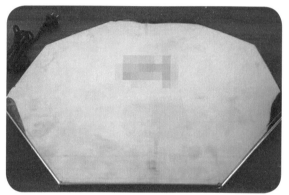
◉ 图2-3　底座加热的融蜜装置

　　蜂蜜的杀酵母与破晶核是为了增强蜂蜜的贮藏性能及其商品的货架性能，采用加工手段杀灭原蜜中的酵母菌并破坏糖的小晶体。使商品蜜在贮藏过程中不发生发酵和结晶析出的现象。

　　蜂蜜的脱色脱味是利用多孔性固体作为吸附剂，是蜂蜜中的有色有味组分被吸附于固体表面，以达到分离的加工处理。主要加工设备有接触过滤吸附设备和固定填充床吸附设备。

　　蜂蜜的促结晶是采用一定的加工手段将液态蜂蜜生产成具有白色细腻油脂状结晶的商品蜂蜜。

　　蜂蜜的浓缩加工（图2-4、图2-5）是指在蜂产品加工中，通过蒸发去除蜂蜜中多余的水分，使之符合规定的要求，同时蜂蜜的色、香、味、淀粉酶值、脯氨酸和羟甲基糠醛等也需达标。

◉ 图2-4　蜂蜜浓缩加工厂

◉ 图2-5　蜂蜜浓缩加工厂及设备

第二节　蜂王浆的常规加工

　　蜂王浆的初加工主要包括蜂王浆的过滤和冷冻干燥。蜂王浆的过滤是使用一定的方法将原浆（刚生产出来的蜂王浆）中混杂的蜡屑和蜂王幼虫等杂质去除，使之成为纯净的蜂王浆，以利于蜂王浆的长期贮存。最常使用的过滤法有夹挤法和刷滤法。蜂王浆的冷冻干燥是指将新鲜蜂王浆冻结成固体，然后放置在真空环境中，使水分直接升华，最终达到含水量2%左右的过程。新鲜的蜂王浆的冷冻干燥后的成品，成为蜂王浆冻干粉。

第三节　蜂花粉的常规加工

　　蜂花粉的初加工主要包括干燥去杂（图2-6、图2-7），灭菌消毒等。蜂花粉

◉ 图2-6　循环式隧道烘干箱（a）

◎ 图2-7　循环式隧道烘干箱（b）

的干燥是采用适当方法将新鲜蜂花粉（含水量在37%）干燥至含水量在8%以下，以防酵母菌及其他微生物引起蜂花粉发酵和霉变；蜂花粉的去杂是剔除花粉中的蜜蜂翅、足及其他混杂物并用20目筛筛去碎蜂花粉的过程。蜂花粉的消毒是用物理或化学等方法，杀灭蜂花粉及介质中的病原微生物；灭菌就是用物理或化学等方法，将蜂花粉及介质中所有的微生物全部杀死，获得无菌状态。

第四节　蜂蜡、蜂胶和蜂毒等蜂产品的常规加工

蜂蜡的初加工主要包括蜂蜡提纯、脱色和去杂精制。蜂蜡的提纯是将巢脾、蜜蜡盖、赘脾等蜂蜡原料中的杂质清除，以利于保存和应用。提纯蜂蜡的方法主

要有日光曝晒、蒸煮提取、压榨机提取、离心机分离提取、超高频提取、溶剂浸提、蜡渣乙醚浸提等。蜂蜡脱色通常采用的方法是日光脱色法、化学脱色法和吸附剂脱色法。

蜂胶的初加工主要是去杂精制。蜂胶一般是以其乙醇溶出物作为有效成分的，因此天然蜂胶应先用乙醇浸出提取法分离去除其中的蜂蜡、蜂尸、木屑和泥沙等杂质，再通过蒸馏回收乙醇，加工成精制蜂胶。

蜂毒的初加工主要是蜂毒的精制。蜂毒中的杂质较少，主要是尘土、蜂蜡等。一般先将蜂毒水溶过滤，然后再用丙酮溶解，沉淀分离，去除杂质，再根据需要加工。

蜜蜂虫蛹的初加工主要是蜜蜂虫蛹的保鲜和干燥。通常的方法是乙醇浸泡、沸水煮烫、低温冻结、冷冻干燥、微波干燥、远红外干燥以及盐渍或糖渍等方法。

第三章
蜂产品深加工技术

我国是蜂产品生产大国，蜂产品产量和出口量均为世界第一，其生产及加工已经成为带动农民就业、增加农民收入的特色行业（图3-1～图3-4），但我国蜂产品行业还存在大而不强的现状。蜂产品行业链具有复杂、动态的特点，生产本身也存在诸多的不良因素，多方面的原因直接或间接地造成了蜂产品存在质量问题，进而影响了我国蜂产品的出口和国内市场的效益。分析我国蜂产品行业存在的一系列问题，发现在蜂场建设、蜜源、蜜蜂饲养、生产加工和存储运输等环节都存在许多不足，其中生产加工环节与国外差距较大。

我国蜂产品加工产业发展缓慢的主要原因包括蜂产品加工企业规模小、实力弱、组织化程度低，对源头产品的控制能力差，产品种类少，新产品研发的科技投入不足等。由于我国蜂产品加工技术水平较低，导致产品的科技附加值低，影响了蜂产品的竞争力，使得我国成为发达国家初级蜂产品的供应国。开发、研究、推广新的蜂产品加工技术已经成为提高蜂产品质量、增加蜂产品竞争力和蜂产品加工企业效益的重要手段。

一、膜分离的分子蒸馏技术

膜分离技术比常规分离技术具有常温下操作、无相态变化、分离效率高、能耗低、绿色环保等优点。国内有学者在安全高效蜂产品加工关键技术的研究及产

◉ 图3-1 　大型蜂场一角

业化示范中，将先进的膜分离技术应
用到蜂花粉营养口服液中，解决了非
生物性混浊和褐变问题。李文国等研
究了超滤技术在蜂蜜除蛋白中的应用，
结果表明，采用超滤对蜂蜜中的蛋白
质进行脱除，使蛋白质的去除率在95%
以上，且膜通量下降平缓，每批次的

◉ 图3-2 　特色蜂蜜

◎ 图3-3 　原料及成品车间

◎ 图3-4 　蜂蜜车间

过滤通量都在1m³/h以上，设备能长期稳定运行。赵文华等研究发现，经超滤后很容易除去蜂蜜中的酵母菌、细菌、霉菌和霉菌的孢子等微生物，可显著减少蜂蜜的腐败变质，增加蜂蜜的安全性。

膜分离技术是指在分子大小的基础上，把含有各种粒径的混合物质通过半渗透膜处理，实现不同物质机械分离的技术。用于膜分离技术的分离膜又称半透膜，其是一种膜壁遍布微小孔洞、对不同粒径物质具有选择性通过的薄膜。Lee等研究了鸡蛋中接种革兰阳性菌后的尼生素（即乳酸链球菌肽，是一种日常产品中的天然防腐剂，能消灭癌细胞，也能对付抗生素抵抗细菌）协同超高压杀菌效果，结果表明，尼生素与超高压结合的处理可以致使革兰阳性菌从原有的1×10^7cfu/mol减少到1×10^2cfu/mol，而且不影响鸡蛋的组织结构和品质。

膜分离按其分离溶质的不同而划分为微滤、超滤、纳滤以及反渗透4种形式。超滤法能有效地去除产品中的酵母菌、杂菌及胶体等；采用反渗透可除去产品中的小分子沉淀物，改善产品品质并获得更好的保持性，保持蜂产品固有的品质。如经过超滤加工的蜂蜜，蜂蜜中的蛋白质已被滤除，所以能够很容易地与碳酸饮料、运动饮料和发酵饮料相混合而不致产生沉淀。

分子蒸馏技术属于一种高新技术。在分离过程中，物料处于高真空、相对低温的环境，停留时间短，损耗极少，故分子蒸馏技术特别适合于高沸点、低热敏性物料，尤其是对有效成分的活性对温度极为敏感的天然产物的分离。

二、特殊浸提技术

随着科学技术的进步，在多科性互相渗透并在对浸提原理及过程深入研究的基础上产生的浸提新方法、新技术，如半仿生提取、超声提取法、超临界流体萃取法、旋流提取法、加压逆流提取法、酶法提取等不断应用，提高了蜂产品制剂的质量。

① 半仿生提取法。即从生物药剂学的角度，将整体研究法与分子药物研究法相结合，模拟口服给药后药物经过胃肠道运转的环境，未经消化道给药的蜂产品制剂设计的一种新的提取工艺。

② 超声提取法。是利用超声波增大物质分子运动频率和速度（图3-5、图3-6），增加溶剂穿透力，提高产品溶出速度和溶出次数，缩短提取时间的浸取方法。

◉ 图3-5　超声波干燥设备（a）

◉ 图3-6 超声波干燥设备（b）

③ 超临界流体萃取法　是利用超临界状态下的流体为萃取剂，从液体或固体中提取蜂胶、花粉中有效成分并进行有效分离的方法。一般常用超临界CO_2萃取法（SFE-CO_2）。其优点是：可通过调控压力和温度，改变超临界CO_2的密度，从而改变其对物质的溶解能力，选择性地萃取某些成分，使萃取到分离可一步完成。该方法可在接近室温条件下萃取，适用于热敏性成分的提取。SFE-CO_2技术也有一定的局限性。总体来说它较适用于亲脂性、分子量较小物质的提取，对极性大、分子量太大的物质如苷类、多糖类，要加夹带剂，并在较高的压力下进行，给工业化带来一定的难度。目前蜂胶挥发油的提取，主要采用乙醚冷浸加水蒸气蒸馏法，其加工方法较为繁琐，蜂胶中特有的烷烃类物质难以保存，且提取物有残留溶剂。超临界CO_2萃取可最大限度地保存蜂胶中的活性物质。

④ 加压逆流提取法　是将若干提取装置串联，溶剂与蜂产品逆流通过，并保持一定接触时间的方法。

⑤ 酶法　蜂产品原料中的杂质大多为蜡屑、幼虫、蜂尸等，可通过简单的

物理方法去除，如蜂蜜的过滤、蜂王浆的过滤等。针对蜂胶含有脂溶性物质，难溶于水或不溶于水的物质多，通过加入淀粉部分水解产物及葡萄糖苷酶或转糖苷酶，使脂溶性或难溶于水或不溶于水的有效成分转移到水溶性苷糖中。酶反应较温和地将植物组织分解，可较大幅度提高效率。

⑥ 旋流提取法　采用PT-I型组织搅拌机搅拌速度为8000r/min。原料不必预先加以粉碎。提取用水温度分别为20℃和100℃，处理时间为20~30min。

三、冷杀菌技术

（1）微波杀菌　微波是指波长在1~1000mm之间的电磁波。微波杀菌是微波热效应和生物效应共同作用的结果，其原理是微波能够影响细菌膜断面的电位分布，导致细胞周围离子和电子浓度异常，改变细胞膜的生物活性和通透性能，使细菌新陈代谢停止，抑制了生长发育而最终死亡。微波杀菌与传统的加热杀菌效果相比，具有灭菌速度快、受热均匀、处理时间短、能较好地保持食品的营养成分和风味等优点，被广泛应用于食品工业。蒲传奋对乳化蜂蜜微波杀菌工艺和保鲜进行了研究，通过对微生物数量、还原糖的含量和淀粉酶值等指标进行分析比较，得出微波杀菌的最佳工艺条件为：杀菌温度65℃，杀菌时间45s，杀菌功率550W，样品处理量350g。周先汉等介绍了微波杀菌工艺在蜂产品上的应用，研究了在不同的微波作用温度和时间等条件下对乳化蜂蜜品质的影响，用优化试验的方法建立了二次响应面模型，最终找到了微波杀菌的最优工艺条件为：处理时间60s、处理温度63℃；通过该工艺处理后的乳化蜂蜜菌落总数为82cfu/g，而且还原糖、淀粉酶等成分含量不变，与处理前相比，物性没有明显的改变。潘建国等研究了微波灭菌和辐照灭菌这2种方法对蜂花粉灭菌的效果，结果表明，微波灭菌和辐照灭菌对大肠杆菌的灭菌有效率很高，都能超过90%，经这2种方法处理后的蜂花粉中细菌总数和霉菌数都远远低于未处理的数值。

（2）高压杀菌　高压杀菌是一种新型灭菌方法，具体操作方法是将食品等需要灭菌的材料充填到柔软容器中后再密封，然后把容器放入液体介质中，在加压室中加压到100~1000MPa并保持一段时间，从而达到灭菌目的。高压杀菌的基本原理是高压破坏了食品中微生物的细胞壁结构，使蛋白质和生物酶失去活性，阻断DNA等遗传物质的复制等，实现对微生物的致死作用。因为高压杀菌的处理温度要比高温杀菌的处理温度低得多，所以，这种处理方法能保持食品的原有颜色、口味和营养成分，而且具有灭菌效果好、污染少、操作方便、安全、能耗低等优点。食品经高压处理后可大大延长保质期，同时又能解决冷冻保藏引起的色泽变化问题。林向阳等研究了食品超高压杀菌技术的作用机理及其最新研究进展，讨论了压力大小、温度、pH值、水分活度以及食物本身的组成等因素对超高压杀菌效果的影响；超高压杀菌对食品品质，如脂类、风味物质维生素C、蛋白质、过氧化物酶和淀粉的影响。

（3）高压脉冲电场杀菌　高压脉冲产生的脉冲电场能够杀菌。由于脉冲产生交替作用的电场和磁场，使微生物的细胞膜透性增加，减小了细胞膜强度，导致细胞膜破裂、解体，使细胞膜内的物质流出膜外、细胞膜外的物质流入膜内，最终导致细菌等微生物死亡。而且电磁场产生的电离作用能使细胞膜丧失生物活性，抑制细菌新陈代谢，改变细菌体内物质。该杀菌方法解决了传统加热杀菌引起的蛋白质变性和维生素被破坏等问题，故能最大限度地减少对食品营养素的破坏，具有重要的研究和推广价值。国外有学者使用高压脉冲电场处理培养液中的酵母，各类革兰阴、阳性菌以及各种果汁和牛奶等，结果表明，这种处理方法对食品的质量和风味没有影响，其储存期一般可延长28～42d，抑菌效果可达到4～6个对数周期，处理时间一般较短，最长不超过1s。

四、微胶囊化技术

目前，微胶囊技术在蜂产品的加工上尚未推广，但许多以前不能解决的技术难题，因为微胶囊技术的出现迎刃而解。蜂王浆冻干粉的生产可以说是为蜂王浆的推广普及开创了新的里程碑；蜂王浆干粉因极易吸潮变色以及气味尚不能被大多数人接受的事实，严重阻碍了蜂王浆冻干粉的推广普及。通过采用微胶囊化，可以隔离王浆干粉与外界的接触，保护敏感性成分，掩盖不良风味，降低挥发性，延长保质期，从而延长蜂王浆干粉的货架期。经微胶囊化的王浆干粉添加到其他产品中进行加工可避免蜂王浆干粉中营养物质的损失。

五、真空冷冻干燥

真空冷冻干燥（图3-7、图3-8）又称升华干燥，其原理是将被冻干物料冷冻到低于冰点，让水变成冰，然后在真空条件下将冰升华为水蒸气，从而使物料丧失水分的干燥方法。首先在冷冻装置中冷冻物料，然后进行干燥，也可把物料放入干燥室后迅速抽成真空再进行冷冻。用冷凝器除去冰升华生成的水蒸气，升华过程中所需的热量一般由热辐射供给。因为其冻干过程是在低温、真空环境下进行，物料所含的水分直接从固态升华为气态，从而可以很好地保持被干燥物料的风味和营养成分，而且复水性能好。所以，其被广泛应用于食品加工。

真空冷冻干燥技术在蜂产品加工中具有广泛的应用前景，如将真空冷冻干燥技术用于生产王浆冻干粉和蜂蜜冻干粉。但是，要使冷冻干燥技术广泛应用于蜂产品加工业，还需解决降低设备造价、能源综合利用、缩短冻干周期的问题。利用真空冷冻干燥，还可以开发新型蜂产品，如生产速溶花粉；将含有可溶性固形物的花粉溶液经预热后，进入喷雾冻结装置中，冻结后的料液雾滴再进入冷冻干燥箱中干燥至成品要求。要采用在料液中混入少量惰性气体的方法，以提高成品的速溶性。采用冷冻干燥生产的速溶花粉外观为絮状物，颜色诱人，易溶于水且均匀分散在水中，产品的速溶性及风味优于喷雾干燥生产的制品。

◉ **图3-7　微波真空低温干燥箱（a）**

六、超微细粉化技术

蜂产品的有效成分的溶出速度与粉碎度有关，同时与体内的生物利用度有着密切关系。为了提高蜂产品粉碎度，近年来，超微细粉化技术在蜂产品粉碎中的应用日趋增多，应用超声粉碎、超低温粉碎等现代化细微加工技术，可将蜂产品原料从传统粉碎

◉ **图3-8　微波真空低温干燥箱（b）**

工艺得到的中心粒径在150~200目的粉末（75μm以下），提高到现在的中心粒径为5~10μm，在该细度条件下，花粉细胞的破壁率≥95%，这种新技术的采用，可使其中的有效成分直接暴露出来，从而使有效成分的溶出和起效更加迅速完全。由于粉碎过程中不产生局部过热，且在低温状态下进行，粉碎速度快，因而最大限度地保留了蜂产品中生物活性物质及各种营养成分，可提高药效。

七、辐照技术

辐照花粉已见于市场，但是国内有些生产企业盲目的进行花粉辐照处理，这是非常危险的。加强对花粉辐照的监督管理，才能推进花粉辐照的应用，确保其健康发展。

八、转基因技术

可以通过对蜜蜂转基因的研究来提高蜜蜂的抗病、抗虫性，减少或不使用蜂药，生产出高质量和高营养价值的蜂蜜和蜂王浆的蜂产品。这方面的研究目前尚未见报道。

九、无菌包装

将蜂产品作为一大类保健品进行推广，与国际食品大环境接轨，无菌包装（图3-9）的应用势在必行。无菌包装除强调产品的无菌外，还要强调食品包装材料和包装环境的无菌。产品的灭菌、包装材料的选用、杀菌方式的选择、无菌包装设备及无菌包装过程的选用和控制等一系列控制条件随着科学技术的发展，日趋完善。该技术在风产品领域的应用前景是极其可观的。

十、食品气调保鲜技术

蜂产品流通过程中面临的主

◉ 图3-9　无菌包装设备

要问题是品质的下降和货架寿命短，如蜂王幼虫在蜂王浆的采集过程中极易受到损伤而加速褐变。将采集的幼虫尽快装入塑料食品袋中，利用高浓度的二氧化碳或低氧浓度的调节气体条件来进行保鲜，并将其置于−18℃以下的环境中冷藏。采用食品气调保鲜技术此方法将会延长蜂王幼虫的保鲜期。

十一、高压加工技术

高压加工技术在蜂产品加工中的应用，可从高压灭菌、高压速冻、高压解冻和冷冻冷藏各方面来进行选择使用，如蜂蜜的灭菌和浓缩。高压加工的应用必将给蜂产品加工业的加工方法带来巨大的变革。

十二、蜂产品包装和食品机械

这在我国是较薄弱的技术，重点应放在生产高阻隔膜的多层共挤设备、注拉吹设备、全降解塑料加工设备、智能化精密设备、真空搅拌等高新技术含量高的蜂产品加工设备。以上设备和技术目前主要还是依靠引进国外技术，在国内只是一个新兴的技术，对该领域的开发和研制必将是大势所趋。

十三、蜂产品的质量检验

我国有关业务主管部门和蜂业界都十分重视蜂产品的质量检验。农业部等主管部门先后出台多项措施，加强对蜂产品的质量检验。其内容主要包括以下相关环节。

（1）基层质量检验。

（2）我国蜂产品的收购与销售　实行层层验质把关制度，基层收购以感官检验为主要方法。具体步骤是：生产者的产品交给经营者后，随即由精通蜂产品业务的技术人员通过眼看、口尝、鼻嗅、手捻等感官手段来判断其品质的优劣。基层经营单位将购入的蜂产品调出时，买方同样要以上述方式进行一次检验。

（3）实验室检验　在省级蜂产品经营单位和养蜂科研部门、大型蜂产品加工企业或某种蜂产品的重点产区，都设有专门的检验室。全国现已建立正规化验室100多个，其任务是对调入和调出的原料及加工制品进行抽样检查，或对本区域的产品质量进行分析调查。大宗的蜂产品贸易必须以实验室检验的结果为质量依据。

（4）质量监督机构及其检验　中国已建立或正在筹建的蜂产品质量监督机构共四个：1988年，原商业部在北京筹建了部级质量检测中心，用以对全国流通系统经营的蜂产品进行质量监督；同年，农业部在武汉筹建了本系统的蜂产品质检中心。这两个跨省、市的部级蜂产品检验机构均已1991年第四季度通过了计量认证和审查认可。1990年，原国家技术监督局决定在原商业部蜂产品质量检测中心的基础上，筹建国家蜂产品质量检测中心，以便对全国各省、市和各部门的蜂产品质量进行检验、分析和测试。2000年农业部又开始在北京筹建农业部蜂产品质量监督检验测试中心（北京），该中心由中国农业科学院蜜蜂研究所承建，雄厚的科研实力是该中心强有力的支撑，该中心已于2000年底通过原国家技术监督局计量认证和农业部机构认可，2001年1月15日起农业部蜂产品质量监督检验测试中心（北京）正式对外开展质量检验工作。目前，我国蜂产品质量监督检验机构主要有农业部蜂产品质量监督检验测试中心（北京）（图3-10）、秦皇岛出入境检验检疫技术中心、农业部蜂产品质量监督检验测试中心（武汉）、江苏出入境检疫局等权威检测机构。另外，一些地方检疫单位也逐步具备蜂产品质量检疫水平，这些不断规范的检验机构的建立，为进一步完善了监督体制奠定了基础。

◎ 图3-10　农业部蜂产品质量检测中心（北京）

十四、先进质量控制系统技术

目前，我国蜂产业组织规模小，比较松散，缺乏信息化、智能化技术，没有作为控制质量安全的保障手段。而且蜂产品加工、流通的环节多，存在许多人为干扰因素，从而导致了蜂产品的质量不易控制，安全难以保证。要想提高蜂产品的质量，就必须采用先进的质量控制系统技术，保障蜂产品在各个环节的质量，把高质量的蜂产品送到广大的消费者手中。我国应尽快建立蜂产品质量控制和应急管理体系平台及沟通机制，并且把这个平台机制应用于蜂产品的质量控制和应急决策的研究中。

十五、绿色生产加工技术

随着人们生活水平提高，食品的安全问题越来越受到重视。近年来，国外针对我国食品的进口要求越来越严，对我国形成了一道"绿色"和"安全"壁垒，这些非关税壁垒已严重阻碍了我国产品的出口。为了顺应国内外消费需求，我国必须重视食品安全，提高食品质量，开发绿色蜂产品是提高我国蜂产品质量、突破非关税壁垒的重要途径。生产作为绿色食品的蜂产品，必须按照绿色食品的生产要求，重点抓好基地建设，改进蜜蜂饲养技术，从生产基地、养蜂用具、生产加工到产品实行全程质量控制。总的要求是，必须遵守国家相关绿色食品生产的行业标准，结合养蜂业及蜂产品的特点，加强基地建设，提高饲养技术，改进加工方法，设计并推广蜂蜜质量安全追溯系统，应借鉴当前的农产品生产的质量安全追溯体系研究成果，通过分解蜂产品行业的供应链，找到了蜂产品追溯链上4个重要的质量控制点。生产与加工必须按照我国绿色食品生产的要求，实行从基地到产品的全程质量控制。根据不同质量控制点上蜂蜜的特点，在各个生产环节都建立了蜂蜜质量跟踪编码方案。通过其他学科知识的引入，建立蜂产品质量控制系统体系结构的参考模型，提出蜂产品质量应急决策模型，制定了蜂产品应急辅助决策任务等。

未来蜂产品加工行业的健康发展离不开新技术的开发和利用，加工企业要不断把生物技术和新的食品加工技术应用到蜂产品加工中，蜂产品的加工要向深加工发展，延长蜂产业链。积极开发与蜂产品相关的药品、高级食品、营养保健品、美容化妆品，提高蜂产品的附加值和竞争力。虽然近几年我国在蜂产品加工领域取得的巨大进步有目共睹，但在蜂产品种类、生产设备和加工工艺等方面还有待提高。国家相关部门要积极制定相关标准化文件和法规，以便引导蜂产品加工行业健康、有序地发展今后的蜂产品一定要实现种类丰富多样，提高加工技术水平，不断拓宽蜂产品市场，推动加工企业实现生产标准化、规模化、现代化生产。蜂产品加工企业应该下决心淘汰落后的加工设备和工艺，积极开发具有自主知识产权的加工设备和工艺技术，提高蜂产品的加工技术水平，减小我国在蜂产品深加工领域与发达国家的差距。在国家相关政策的指导下，通过自身不断努力，我国蜂产品加工行业一定会得到长足发展。

第四章

蜂蜜及其加工工艺

第一节 蜂蜜的分类、等级和质量标准

　　天然蜂蜜是由蜜蜂利用采自植物花朵的花蜜制作而成的甜味物质，蜂蜜（天然蜂蜜，天然结晶蜜，野生巢蜜，及商品蜜分别见图4-1～图4-5）中主要的营养成分包括碳水化合物、蛋白质、矿物质、维生素和多酚类物质等，这些成分构成了蜂蜜独特的生理保健功能。此外，蜂蜜具有促进糖代谢、解毒、增强机体免疫功能，通便利肠等药理作用，且蜂蜜毒副作用小，应用广泛，常用作药用辅料，临床用于消化系统、呼吸系统、眼科疾病和烧创伤创的治疗。此外，研究表明，蜂蜜还具有抗癌抗肿瘤的效果，蜂蜜可通过干扰多个细胞信号通路，

◎ 图4-1　未加工的纯天然蜂蜜

◎ 图4-2 天然结晶蜜

◎ 图4-3 野生蜂巢蜜

如诱导细胞凋亡、抗增殖、调节人体免疫系统、抗炎和抗诱变等，从而起到抗癌作用。

一、蜂蜜的主要分类

① 根据来源分类。蜜蜂酿造蜂蜜时，它所采集的加工原料的来源主要是花蜜，但在蜜源缺少时，蜜蜂也会采集甘露或蜜露，因此把蜂蜜分为天然蜜和甘露蜜。天然蜜就是蜜蜂采集花蜜酿造而成的，它们来源于植物的花内蜜腺或外蜜腺，通常我们所说的蜂蜜指的就是天然蜜，又因来源于不同的蜜源植物，又分为某一植物花期为主体的各种单花蜜，如荔枝蜜、龙

◉ 图4-4　商品蜜（a）

眼蜜、刺槐蜜、紫云英蜜、油菜蜜、枣花蜜、野桂花蜜、荆条蜜、椴树蜜等。

② 根据物理状态分类。蜂蜜在常温、常压下具有两种不同的物理状态，即液态和结晶态（无论蜂蜜是贮存于巢蜜中，或者从巢房里分离出来）。一般情况下，刚分离出来的蜂蜜都是液态的，澄清透明流动性好，经过一段时间放置以后，或在低温下，大多数蜂蜜形成固态的结晶，因此通常把它分为液态蜜（图4-6）和结晶蜜（图4-7）。结晶蜜由于晶体的大小不同，可分为大粒结晶、小粒结晶和腻状结晶，结晶颗粒直径大于0.5μm的为大粒结晶；颗粒直径小于0.5μm的为小粒结晶；结晶颗粒很小，看起来似乎同质的，称为腻状结晶或油脂状结晶。

③ 根据生产方式分类。可分为分离蜜与巢蜜等。

分离蜜，又称离心蜜或机蜜，是把蜂巢中的蜜脾取出，置在摇蜜机中，通过离心力的作用摇出，并经过滤的蜂蜜，或用其他方法从蜜脾中分离出来的蜜。这种新鲜的蜜一般处于透明的液体状态，有些分离蜜经过一段时间就会结晶，例如油菜蜜取出不久就会结晶，有些蜂蜜在低温下或经过一段时间才会出现结晶。

巢蜜（图4-8～图4-10），又称格

◎ 图4-6 液态蜜

◎ 图4-7　结晶蜜

◎ 图4-8　天然封盖巢蜜

◎ 图4-9　商品巢蜜

子蜜，利用蜜蜂的生物学特性，在规格化的蜂巢中，酿造出来的连巢带蜜的蜂蜜块，巢蜜既具有分离蜜的功效，又具有蜂巢的特性，是一种被誉为最完美、最高档的天然蜂蜜产品。人们根据蜜源植物的流蜜规律及蜜蜂封盖蜜脾的习性，可以按照不同的格式生产单蜜、一个巢框可以分为4块、8块、12块不等。实验证明只要外界蜜源充足，无论方格大小，蜜蜂都能够造脾、灌蜜、封盖。单蜜块面积越大，封盖越快。

④ 根据颜色分类。蜜随着蜜源植物种类不同，颜色差别很大。无论是单花还是混合的蜜种，都具有一定的颜色（图4-11、图4-12），而且，往往是颜色浅淡的蜜种，其味道和气味较好。因此，蜂蜜的颜色，既可以作为蜂蜜分类的依据，也可作为衡量蜂蜜品质的指标之一。一般认为，浅色蜜在质量上大多优于深色蜜。

二、蜂蜜的等级和质量标准

蜂蜜是蜜蜂采集植物的花蜜与分泌物，经过充分酿造而储存在蜂巢内的一种

◉ 图4-10　野生巢蜜

◉ 图4-11　红色蜂蜜

◉ 图4-12　水白色的槐花蜜

甜而有黏性、透明或半透明、带光泽的液体。气芳香，味极甜，其中葡萄糖占35%~36%，果糖占36%，蔗糖占1.7%~2.6%，麦芽糖和其他还原糖占7.31%，此外，还含有蛋白质、维生素、氨基酸、矿物质等，有较高的营养价值。因蜂蜜的蜜源植物众多，故蜂蜜品质差别较大，所以划分等级的方法也不相同。

① 按花种分类。一等蜜：主要包括桂花、荔枝、洋槐、枣花、枇杷等花种蜜；二等蜜：棉花、瓜花、芝麻、葵花、油菜、紫云英等花种蜜；三等蜜：荞麦、乌桕、皂角、大葱等花种蜜。

② 按浓度分级。以波美氏比重计，浓度250为1级，440为2级，以下每低1度下降1级，370为9级，360及360以下为等外级。

③ 按采收季节颜色和产地分类。春蜜（多为洋槐、橙花、梨花、油菜、紫云英等花蜜），白色至淡黄色，黏度大，气清香，味甜，质量较好；伏蜜（多为葵花、瓜类等花蜜），色泽多为淡黄色、深黄色至琥珀色，黏稠度大，细腻，气清香，味甜，质量较次；秋蜜（多为棉花、荞麦等花蜜），深琥珀色至暗棕色，气微香，味微酸，质黏，不透明，质量最次；冬蜜（产在南方，多为桂树、龙眼、荔枝等花蜜），水白色或白色，质量最佳，其中以野生桂花蜜为上品，素有蜜中之王的美称。

中蜂所产蜂蜜营养丰富，亦为《本草纲目》记述之蜂蜜，药效佳，是药引的首选蜂蜜，但因真正的中蜂蜜产量低，而且不产蜂王浆，所以养殖量很小，但质量却远高于意蜂。近年来，中蜂饲养规模逐渐扩大，尤其是特定区域的一些中蜂能够取到一定规模的商品蜜，但这些中蜂蜜的质量标准和分类体系还未建立和完善，因此，市场上的中蜂蜂蜜主要还是套用西方蜜蜂的蜂蜜等产品标准。

第二节　蜂蜜的成分和特性

一、蜂蜜的成分

蜂蜜的成分比较复杂，现已从中检测出180余种不同的物质，除葡萄糖、果糖等丰富的糖分外，还含有多种氨基酸、维生素、矿物质、酶、酸、芳香物质等有效成分，从而使蜂蜜具备了天然营养品的特点。

① 糖类。成熟蜂蜜总含糖量达75%以上，占干物质的95%~99%。蜂蜜中的糖分主要是葡萄糖和果糖，不同品种、浓度的蜂蜜所含糖的质量、数量有别，一般品种的蜂蜜葡萄糖占总糖分的40%以上，果糖占47%以上，蔗糖占4%左右。此外，还含有一定量的麦芽糖、松三糖、棉籽糖等多种糖，其含量根据蜂蜜的来源不同而异。作为多糖的糊精在优质蜂蜜中含量甚微，只有甘露蜜才含有一定量。

② 水分。主要指蜂蜜中的自然水分，即蜜蜂在酿蜜时保留在蜂蜜中的水分。水分含量的高低标志着蜂蜜的成熟程度。成熟的蜂蜜含水量在18%以下，一般不超过22%。含水量22%以上的蜂蜜，其有效成分明显减少，容易发酵变质，不宜久贮。

③ 氨基酸。蜂蜜中含有0.2%~1%的蛋白质的合成材料—氨基酸。蜂蜜中所含氨基酸的种类很多，因蜂蜜品种及贮存条件、时间的不同，其含量比率和种类也不同。一般蜂蜜中含有赖氨酸、精氨酸、天门冬氨酸、苏氨酸、谷氨酸等10多种氨基酸。蜂蜜中所含氨基酸主要来源于蜂蜜中的花粉。

④ 维生素。蜂蜜中主要包括B族维生素、维生素C和维生素K等。在医学上，B族维生素主要参与神经传导和能量代谢等过程，具有维持免疫功能、预防机体衰老、提高机体活力和增强记忆力等作用；维生素C能够促进伤口愈合、抗疲劳和提高抵抗力等作用；维生素K能够参与骨骼代谢并且具有凝血功能。蜂蜜中维生素的含量与蜂蜜来源和所含花粉量有关。所含维生素以B族为最多，每100g蜂蜜中含B族维生素300~840μg。目前已发现蜂蜜中含有硫胺素（B_1）、核黄素（B_2）、抗坏血酸（C）、生物素（H）、叶酸（BC）、烟酸（pp）和凝血维生素（K）等20多种维生素。

⑤ 矿物质。蜂蜜中含有丰富的人体必需的微量矿物质元素，且不同种类蜂蜜所含的微量元素有一定差异。矿物质又称无机盐或灰分，含量占蜂蜜质量的0.03%~0.90%。尽管含量不高，但其含有量和所含种类之比与人体血液成分接近。如将蜂蜜添加到食品中食用，还有利于提高人体对矿物质的摄取量，对促进生长发育以及各组织器官的新陈代谢起重要作用。蜂蜜所含矿物质种类较多，主要有铁、铜、钾、钠、镁、锰、磷、硅、铝、铬、镍等。深色蜂蜜矿物质含量高于淡色蜂蜜。

⑥ 酶类。酶是一种特殊的蛋白质，具有极强的生物活性。蜂蜜中所含酶量

的多少，即酶值的高低，是检验蜂蜜质量优劣的一个重要指标，表明蜂蜜的成熟度和营养价值的高低。正因为蜂蜜中含有较多的酶，才使蜂蜜有其他糖类食品所没有的特殊功能。蜂蜜中的酶是蜜蜂在酿蜜过程中添加进来的，来源于蜜蜂唾液，主要有蔗糖转化酶、淀粉酶、还原酶、磷酸酶、葡萄糖氧化酶等。不同品种的蜂蜜其酶值不同，国际市场上认定淀粉酶值在8.3以下的蜂蜜为不合格蜂蜜。

⑦ 黄酮类物质。蜂蜜中的黄酮类化合物种类繁多，达上千种，其大部分来源于植物花蜜、花粉和蜂胶。因蜜源不同，总黄酮含量差异较大（大致含量区间在20~6350μg/100g），而且来源于不同产地的相同蜜源植物，其所含黄酮含量也存在差异，如澳大利亚的石楠蜜中黄酮含量约为2.12mg/100g，葡萄牙的石楠蜜中则为60~500μg/100g。在不同季节采收的蜂蜜，虽黄酮含量不同，但所含特征性黄酮成分相同，因此，有学者认为黄酮可以作为区别蜂蜜的指标。另外，蜂蜜中的黄酮类化合物还是一种主要的抗氧化物质。谭洪波利用紫外–可见分光光度法测定蜂蜜样品中总黄酮含量，研究发现蜂蜜中的总黄酮含量与蜂蜜色泽相关。其中，颜色深的咖啡蜜黄酮含量最高，颜色浅的橡胶蜜黄酮含量最低，咖啡蜜的黄酮含量几乎是橡胶蜜黄酮含量的两倍。蜂蜜的颜色越深，其总黄酮含量越高，反之亦然。

⑧ 酚酸类。蜂蜜中酚酸类化合物含量丰富，主要包括羟基肉桂酸类和羟基苯甲酸类两大类。有机酸主要有葡萄糖酸、柠檬酸、乳酸等。正常的蜂蜜酸度在3以下，最高不超过4，酸的存在对调整蜂蜜的风味和口感起着重要作用。由于甜味的影响，蜂蜜酸味口感较淡，酸味过于浓烈的蜂蜜，多是酵母菌繁殖造成酸败所致。正常蜂蜜用比色计测量脯氨酸含量是83~615μg/g，喂糖蜂群生产的蜂蜜中，其含量都明显偏低。其中，阿魏酸、咖啡酸和香豆酸等是比较常见的羟基肉桂酸类，而丁香酸、香草酸和羟基苯甲酸等是比较常见的羟基苯甲酸类。单花蜜之所以受到关注是因为其具有特定的与泌蜜植物相关的酚类物质，如：绿原酸、阿魏酸、苯甲酸、咖啡酸和肉桂酸等，甚至有少量的酚酸类成分只在特定的蜂蜜中才能被检测到。郭夏丽在经过对多种蜂蜜中酚酸类化合物的研究后发现，3,4-二甲氧基肉桂酸在蜂蜜中广泛存在。

⑨ 芳香物质。不同的蜂蜜具有不同的香气和味道，这是因为含有不同的芳香性成分所致。蜂蜜中芳香物质主要来源于花蜜，是从花瓣或油腺中分泌出的

挥发性香精油及其酸类。德国科学家从蜂蜜中鉴定出芳香族脂肪酸有24种，但在此之前只报道有4种。研究证实蜂蜜中主要芳香性化合物是苯乙酸，一般含量在0.6~242.1mg/kg，还含有17种酚类、8种醛类、7种醇类和9种烃类物质。

⑩ 胶体物质。蜂蜜中的胶体物质是分散在蜂蜜中的大分子或小分子集合体，一般不容易被过滤或沉淀出来，是介于真溶液和悬浮物质之间的中间物。蜂蜜胶体物质主要由部分蛋白质和蜡类、戊聚糖类及无机物质组成，决定着蜂蜜的混浊度、起泡性和颜色。浅色蜂蜜胶体物质含量在0.2%左右，而深色蜂蜜含量达1%。

⑪ 其他成分。每100g蜂蜜中含有1200~1500μg乙酰胆碱，因此人们食用蜂蜜后能消除疲劳，振奋精神。蜂蜜中还含有0.1%~0.4%的抑菌素，从而使蜂蜜具有较强的抑菌作用，只是蜂蜜中的抑菌素不稳定，遇到热和光便会相应地降低活力。国外研究分析了12种蜂蜜，证实11种蜂蜜中含有松属素类黄酮物质。法国学者在44份向日葵蜜样中，鉴定出11种酚和5种类黄酮，向日葵蜜的类黄酮平均含量为35mg/kg，刺槐和向日葵蜂蜜中黄酮类物质含量最大。德国学者分析了106个蜂蜜样品，全部含有甘油，证实79%的蜂蜜中甘油含量大于200mg/kg。蜂蜜中还含有微量的色素、激素等其他有效物质。色素主要由胡萝卜素、叶绿素及其衍生物组成。

二、蜂蜜的特性

① 蜂蜜的密度。新鲜成熟的蜂蜜是透明或半透明的稠胶状液体，由于糖分高度饱和，其密度较大，每1kg水的容积可容纳波美度为40~43度的蜂蜜1.3821~1.4230kg，浓度越高，密度越大。

② 蜂蜜的色香味。因蜜源植物的种类不同，蜂蜜的色香味各不相同。蜂蜜的颜色有水白色、乳白色、白色和特浅琥珀色、浅琥珀色、琥珀色、深琥珀色、黄色之分。一般淡色蜂蜜清香纯正，深色蜂蜜香浓味烈。蜂蜜有清香、芳香、馥香及平淡、浓烈等不同风味。例如：紫云英蜜、刺槐蜜呈水白色，清香；龙眼蜜、荆条蜜、狼牙刺蜜、柿花蜜、草木樨蜜呈乳白色，芳香；荔枝蜜、锻树蜜、野坝子蜜呈特浅琥珀色，馥香；棉花蜜、乌桕蜜呈琥珀色，平淡；荞麦蜜、大叶桉蜜呈深琥珀色，味浓烈。

③ 蜂蜜的结晶。蜂蜜中的葡萄糖围绕结晶核形成颗粒，并在颗粒周围包上

一层果糖、蔗糖或糊精的膜，逐渐聚结扩展，使整个容器中的蜂蜜部分或全部成为松散的固体状，即为蜂蜜结晶。蜂蜜结晶是一种物理变化，并非变坏。蜂蜜结晶受温度、糖分的饱和度、蜜种等多种因素影响。温度较低蜂蜜的结晶速度加快，蜜温在13~14℃时最易结晶，当恢复到40℃时，又还原为液体状。含水量较高的低浓度蜂蜜不易结晶或只能部分结晶，结晶部分结晶体中水分含量只有9.1%，而没有结晶部分的水分却大大增加。油菜蜜、棉花蜜等蜜种葡萄糖含量较高，容易结晶。云南的野坝子蜂蜜可结成坚硬的晶体块，有时不用外包装也不会变形，有硬蜜之称。而刺槐、紫云英等蜂蜜葡萄糖含量低于果糖，即使在适宜的温度下，也不易结晶。

④ 蜂蜜的发酵。蜂蜜中含有一定量的酵母菌，浓度高的蜂蜜可以抑制其活动。而含水量超过21%时酵母菌便会生长繁殖，将糖类分解成乙醇和二氧化碳，使蜂蜜发酵，而致酸败。发酵的蜂蜜表面产生越来越多的泡沫和气体，甚至溢出容器，严重的可胀裂容器。酵母菌在10℃以下生长受阻，10℃以上或18~25℃的温度下繁殖加快，蜜温超过40℃时酵母菌生存受阻，将蜂蜜隔水加热到65℃时，保持半个小时，即可杀死酵母菌，防止蜂蜜发酵酸败。

⑤ 蜂蜜的吸水性。蜂蜜在空气潮湿时能吸收空气中的水分，吸收的能力随蜂蜜浓度、空气湿度的增加而增加。空气干燥时蜂蜜还会蒸发出水分，蒸发出的水量，随着蜂蜜浓度、空气湿度的提高而减少。蜂蜜含水17.4%、空气湿度58%时，蒸发和吸收的水分基本相等。

⑥ 蜂蜜的湿度。在相同含水量条件下蜂蜜黏度明显大于糖蜜黏度，糖蜜黏度相对于蜂蜜黏度下降百分率与含水量有关。在相同温度条件下，下降百分率随含水量的增加而增加，当含水量达到22.5%，下降百分率达到最大值，此后随含水量的增加反而减小，变化范围在19.0%~46.0%之间。研究证实，在恒定含水量条件下，下降百分率与蔗糖含水量有关，下降百分率随着蔗糖比例的增加而增加，而后趋于定值。当蔗糖含量10.0%增加到15.0%，下降百分率增加7.0%左右，蔗糖含量分别为15.0%和20.0%时，两者就十分接近。

⑦ 蜂蜜的其他特性。蜂蜜还具有极强的渗透性、滋润性、抗氧化性、光泽性和流变学特性等。蜂蜜的渗透性尤其明显，这一特性不仅有助于蜂蜜在美容等方面的作用，也有助于其有效成分的吸收和利用。蜂蜜的抗氧化能力尤其惊人，可起到清除人体内垃圾（氧自由基）的作用，从而使蜂蜜的抗衰老作用大大加

强，开辟了更为广阔的应用天地。

一、蜂蜜的鉴别

① 看外观。蜂蜜色泽为白色、浅黄色、琥珀色、红褐色等；新蜜以浅色而透明为正品。真蜂蜜透光性强，蜂蜜在常温下呈透明、半透明黏稠状液体。

② 嗅其气。真蜂蜜在采收后数月便能散发特有的蜜香，香浓而持久，开瓶便能嗅到；或将少许蜂蜜置于手掌，搓揉嗅之，其气味是否正常，是否与蜂蜜标示名称一致，有无异味。

③ 尝其味。蜂蜜清爽甘甜，绝不刺喉。取少许蜂蜜放入口中，用舌与上颚反复摩擦，品尝风味，辨别蜜味，检查有无异味（如油脂味、酸酵味、咸味、苦味等）。

④ 捏结晶。温度较低时蜂蜜可发生结晶现象；劣质蜂蜜混有杂质如死蜂、幼虫、蜡屑、及其他杂质等沉淀物；如有结晶或半结晶蜂蜜，则取少许沉淀物，用手捏一下就会化为黏稠的液态，表明是葡萄糖结晶属真蜜；而掺白糖的假蜜沉淀物很硬，一般筷子扎不进去，在用手捻时不会化掉。

二、蜂蜜的贮存

① 蜂蜜买回家后，用陶瓷、无毒塑料等非金属容器贮存，不能用铁容器。蜂蜜宜放在阴凉、干燥、清洁、通风、温度保持5~10℃、空气湿度不超过75%的环境下。

② 蜂蜜应密封保存，取用蜂蜜的工具应洗净擦干，防止水分进入，蜂蜜中溶入水分容易发酵变质。

③ 好的蜂蜜在15~18℃以下时一般能够结晶，变成白色或淡黄色结晶体。

④ 蜂蜜保存宜放在低温避光处。由于蜂蜜是属于弱酸性的液体，能与金属起化学反应，在贮存过程中接触到铅、锌、铁等金属后，会发生化学反应。因此，应采用非金属容器如陶瓷、玻璃瓶、无毒塑料桶等容器来贮存蜂蜜。蜂蜜在

贮存过程中还应防止串味、吸湿、发酵、污染等。为了避免串味和污染，不得与有异味物品（如汽油、酒精、大蒜等）或腐蚀性的物品（如化肥、农药、石灰、碱、硝等）或不卫生的物品（如废品、畜产品等）同时储存。蜂蜜的保存期目前国家规定瓶装蜜保质期18个月，但封盖成熟浓度高的蜜也能保质多年。食用蜂蜜新鲜为好，新鲜蜜一般色、香、味口感较好。

⑤ 肉毒杆菌。蜂蜜易被肉毒杆菌污染。肉毒杆菌在自然环境中广泛存在，不少食物也可能存在肉毒杆菌污染的风险。对于1岁以上的孩子和成年人而言，即使吃进含有少量肉毒梭状杆菌的蜂蜜，肠道原有的菌群也可以抑制肉毒梭状杆菌的繁殖，这样就不会产生肉毒素。而1岁以下的婴儿肠道内的菌群还很脆弱，对毒素的反应也更敏感，如果不小心食用被污染的蜂蜜，就非常容易中毒。

第四节 蜂蜜的营养及价值

蜂蜜是一种保健食品，味道甜蜜，所含单糖不需要经消化就可以被人体吸收。新鲜成熟的蜂蜜含有70%以上的转化糖（葡萄糖和果糖）、少量的蔗糖（5%以下）、酶类、蛋白质、氨基酸、维生素、矿物质、抗菌素类的物质。

① 蜂蜜含有70%以上的转化糖，能够被人体肠壁细胞直接吸收利用，没有必要经人体消化，这对于儿童、老年人以及病后恢复者来说尤为重要，经常服用蜂蜜，能帮助消化。

② 蜂蜜中含有人体所需的十几种氨基酸，多种活性酶和一些丰富的常量、微量元素。蜂蜜又不含脂肪，这对于老年人、高血压和心脏病患者来说，是最佳的天然食品。

③ 蜂蜜富含钙和磷，对于儿童骨质的形成和老年人缺钙症是最佳的补品。蜂蜜在人体内产生的热量相当于牛奶的15倍，B族维生素含量与鸡蛋相等，相当于葡萄糖、苹果的16倍。服用蜂蜜能够迅速消除疲劳，增强耐力，延迟衰老，延年益寿。

④ 蜂蜜富含有丰富的矿物质，如有益身心的钾，起镇静作用的镁，强筋健骨的钙，增补血液的铁、铜，健脑的磷和有益身体的各种维生素。

⑤ 蜂蜜具有强烈的杀菌抗菌功效，经常食用蜂蜜，不仅对牙齿无妨碍，还

能起到口腔杀菌消毒的作用。将蜂蜜当做皮肤伤口敷料时，细菌无法生长。蜂蜜还能治疗中度的皮肤伤害，能有效洁净受细菌感染的伤口，防止伤口化脓；也能治疗皮肤溃烂，只需在伤口表面涂抹蜂蜜，加以包扎便行。蜂蜜对火伤、灼伤的功效也很好，在受伤后马上涂上蜂蜜敷治，蜂蜜能吸收伤口的水分，防止水肿，若混入少许面粉涂抹，更可防留疤痕。

第五节　蜂蜜的加工

蜂蜜的主要用途是做食品，一是直接食用，二是通过加工后再食用。对于直接食用在这里就不再叙述了，现在主要是对蜂蜜经过加工后作为食品或饮料进行阐述。

1. 蜂蜜的浓缩加工

蜂蜜是一种含水量高的胶状液体，一般天然成熟蜂蜜浓度较高（图4-13），水分含量少，能够较长期的保存。而非成熟的蜂蜜，则易发酵变质，不便于贮存和运输。国外推行天然成熟蜂蜜已有几十年的历史，即依靠蜜蜂自身酿造成熟封盖，人工取出蜜脾，切开蜜盖分离出蜂蜜，经过过滤后直接罐装食用。虽然也在大力提倡生产天然成熟蜂蜜，但我国养蜂的具体国情和我国蜜蜂较低的收购价格，决定了在一定时期内，市场上大部分还是浓缩蜂蜜为主。浓缩蜜外表比自然成熟蜂蜜更好看，深度高、拉丝长，因为绝大多数浓缩蜜都是水蜜加工而成的，颜色也因加工而稍微变深，营养成分也不如自然成熟蜂蜜。这里对浓缩蜜的加工过程做一简要介绍。

① 原料蜜验收。没有好的原蜜就不可能加工出优质的浓缩蜜（图

◉ 图4-13　全封盖蜜脾

◎ 图4-14　浓度较高的冬蜜

4-14）。因此，必须对原料蜜的色泽、气味、水分含量、蜜种、淀粉酶值（鲜度指标）和采集时间的长短及有无农药残留等逐一进行严格检测。对收购的原料蜂蜜，每一地区和蜂场的要单独存放，不要混合，以免个别存在质量问题而污染全部的蜂蜜。

②融化。融化的目的是通过加热防止发酵和破坏品质，延缓蜂蜜结晶。通常在60～65℃条件下加热30min（图4-15）。

③过滤。将加热后的蜂蜜温度保持在40℃左右的最佳流动状态，以便过滤，去除杂质和少量较大的晶体颗粒。操作应尽量在密封装置中进行，以缩短加热时间，减少风味损失。

④真空浓缩。在真空度720mmHg（1mmHg=133.3Pa）、蒸发温度40～50℃下

◎ 图4-15　热风融蜜车间

◉ 图4-16　加热浓缩及灭菌车间

◉ 图4-17　浓缩灭菌车间

浓缩蜂蜜，可使加工对蜂蜜的色、香、味影响降至最低。在浓缩时，应特别注意蜂蜜受热后芳香族挥发性物质的回收（图4-16、图4-17）。

⑤ 冷却。将浓缩后的蜂蜜快速降温，以避免高温存放降低蜂蜜质量，同时为分装做准备。可采用强制循环和搅拌冷却，以使产品保持良好的外观和内在质量。

⑥ 检验和包装。随时检测蜂蜜浓缩过程，保持加工后的蜂蜜所含水分稳定在17.5%～18%。包装规格可分大包装和小包装两类，大包装以大铁桶做容器盛装，铁桶内应涂有符合食品卫生要求的特殊涂料，以避免蜂蜜中所含的酸性物质腐蚀铁质造成污染。小包装主要是瓶装，可直接将成品蜜灌入清洗干净并经过严格灭菌的玻璃瓶内（图4-18）。

⑦ 贮存。蜂蜜的保存对质量影响很大。贮存仓库应单独隔开，防止和有异味物质一同存放并避免阳光直射和高温环境，要经常干燥通风。

一些大型蜂蜜加工厂在浓缩后直接罐装，即加工和罐装包装一条生产线连

◉ 图4-18　灌装入瓶

在一起，大大提高了生产效率，蜂蜜灌装线及产品包装车间如图4-19、图4-20所示。

2. 蜂蜜的特色加工

（1）蜂蜜奶酪　在西方国家这是一种很受欢迎的涂抹面包的甜食品，实际上它并没有奶酪成分，仅是一种白色油脂状的结晶蜜，是经特殊加工制作而成。主要的配方为晶种10%~15%，蜂蜜85%~90%。

◉ 图4-19　蜂蜜灌装生产线

具体操作流程如下：

① 蜂蜜的预处理。选择葡萄糖含量低于35%、含水量低于18%的蜂蜜为原料，参照蜂蜜常规的加工方法进行预热到中滤各道工序的预处理。

② 灭菌和融化结晶粒。将经过预处理的蜂蜜倒入搅拌器的夹层锅中，加温至65℃时结晶粒融化，然后通过冷却系统迅速冷却到24℃。

③ 晶体的制备。选择油菜蜜等具有细腻结晶的蜂蜜作为晶种，用胶体磨将其磨碎。

◉ 图4-20　产品包装设备

④ 接种。将晶种按照10%~15%的比例加入到处理并冷却至24℃的蜂蜜中，以搅拌器缓慢转动并充分搅拌，尽量使空气混入，然后静置1~2h，撇除蜂蜜上层的气泡。

⑤ 诱导结晶。接种后的蜂蜜分装于干净的容器内，在7~14℃的条件下放置约7d，即制成奶酪状的蜂蜜。

⑥ 成品贮存4~5℃的冷库中贮存3~12个月。

（2）蜂蜜粉

① 选择颜色和气味良好的单花蜜或混合蜜作为原料。

②脱水。将蜂蜜迅速加热，在蒸发器中脱水，使其含量降低至1%~2%。

③升温和冷压。脱水后的蜂蜜经过热交换器10s内加热至116℃后，通过一对温度控制在0℃的滚筒扎成薄片。

④粉碎和包装。

（3）固体蜂蜜

①低温冷冻干燥。将蜂蜜盛于塑料中，移入-25℃冷库中存放12~24h。

②真空干燥。将经过冷冻的蜂蜜移入真空干燥机存放30~60min，然后在真空条件下加热至50℃，保持1~1.5h；再升温至60℃，保持1h；最后升温至70℃，保持1h；随机降温至60℃，保持1~2h，停止加温，在真空条件下放置11~12h，取出后即成透明的块状固体。

③包装入库。

（4）蜂蜜奶茶　一种保健蜂蜜奶茶，其原料组分的重量配比为：植脂末35%~45%、麦芽糊精20%~40%、白糖8%~12%、奶粉8%~12%、冻干蜂蜜粉4%~6%、冻干红茶粉4.5%~5%、食品防腐剂0.09%~0.11%。

制作方法：首先在蜂蜜中加适量的水，搅拌均匀。将一定比例的麦芽糊精加入蜂蜜中充分搅拌，然后用水调节混合物的固形物的含量到8%~12%，麦芽糊精的加入量为蜂蜜质量的30%~40%。将上述混合物用胶体磨研磨3~4次。将均质好的混合物进行装盘，装盘厚度8~12mm，将装好的盘放入冻干仓库中，开启冷冻机进行制冷，冷冻到物料温度为-30℃以下，并维持8~10h干燥，然后开启真空，并加热到95~100℃，继续干燥1~2h。将上述冷冻干燥所得的固体物质进行粉碎，冻干蜂蜜粉。按配方比例称取其他原料组分与得到的冻干蜂蜜粉充分混合，得到保健蜂蜜奶茶，按要求包装、入库。

（5）蜂蜜酒　利用蜂蜜制备的酒有多种（图4-21），如蜂蜜果酒、蜂蜜葡萄酒等。目前利用蜂蜜可以产生一种新型的具有白兰地风味的蜂蜜酒。具体工艺如下：

①第一次发酵生香产酒。向发酵罐中按比例加入蜂蜜、纯净水后搅拌成混合液体后，加入生香酵母混合均匀，pH值为6~6.5，装料量为发酵罐容积的85%，26℃以上有氧发酵5~6d，得到酒精度为3%~4%发酵液。

②第二次发酵产酒。将第一次发酵液按一定比例加入发酵特制酵母，15~30℃厌氧发酵16d，使总酯与总酸含量达到一定比例，得到酒精度为9%~11%

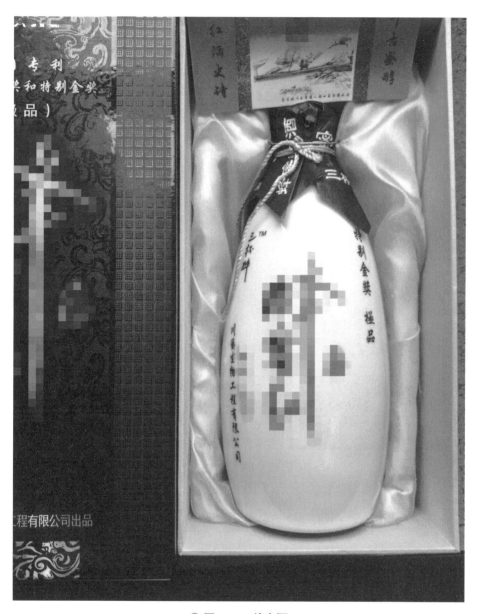

◉ 图4-21　蜂蜜酒

发酵液。

③ 蒸馏。将蜂蜜经二次发酵所得含酒精度9%~11%发酵液，加入蒸煮锅中加热产气，经冷凝器冷却后得到酒精度为35%~45%蜂蜜白酒，放入不锈钢容器中存放。

④ 贮存生香。将所得蜂蜜酿造蒸馏白酒原浆酒在不锈钢容器中静置7d，过滤后放入橡木桶中存放1年以上，天然生成金黄色到赤金色具有白兰地香味与口感的蜂蜜基酒。

⑤ 灌装。将具有白兰地香味与口感的蜂蜜酿制基酒，经过滤、调配并根据要求按计量灌装入酒瓶，制备成白兰地风味蜂蜜酿造蒸馏成品酒。

鉴于蜂蜜的营养价值、医学价值和美容功效，还有很多相关产品已经和即将被开发出来，如蜂蜜香皂（图4-22），蜂蜜矿泉水、蜂蜜面膜、蜂蜜护肤霜、蜂蜜唇膏等。

◉ 图4-22　蜂蜜香皂

第五章
蜂胶的加工及其利用

第一节 蜂胶的分类、等级和质量标准

蜂胶是蜜蜂采集植物树脂，并混入蜂蜡和其他分泌物经咀嚼加工而成的一种黏性树脂类物质（图5-1）。蜜蜂将其作为蜂巢的建筑材料，用来填补蜂巢的孔洞和缝隙，覆盖蜂巢内壁。其化学成分复杂，生物学活性广泛。蜂胶作为一种生物活性成分极为丰富的天然产物，具有抗氧化、抗炎症、抗菌、抗病毒、免疫调节和抗寄生虫等广泛的生物学活性。由于蜂胶具有抗菌性质，它还是蜂群的防御系统重要组成部分，在提高蜂群社会性免疫力以及蜂群自我治疗中发挥重要作用。蜂胶的化学成分受蜂蜜采集树脂的地区和植物影响，不同地区的蜂胶化学成分存在着很大差别，不同季节生产的蜂胶其成分也有所差异。蜂胶具有抗菌抗病毒、抗肿瘤、免疫调节、抗炎症、创伤修复、抗氧化等广泛的生物学活性，已广泛应用于药品、保健食品、化妆品等多个领域。

① 毛胶 毛胶（图5-2）经工厂化加工，杂质与重金属含量符合国际标准。形态为不规则条块状，适合于做食品、药品、化妆品原料。

② 蜂胶标准溶液 是一种蜂胶的乙醇溶液，适于外用或用于食品、药品添加剂及食品防腐剂。

③ 蜂胶水溶液 适于稀释后口服，或用于食品、药品、添加剂。

◎ 图5-1　蜂箱中的蜂胶

◎ 图5-2　毛胶

④ 蜂胶油　蜂胶油溶液,适用于美容化妆品,或日常皮肤保养。

⑤ 蜂胶干膏　蜂胶提纯物,胶片状,适用于食品、药品、化妆品,并广泛用于工业、农业、畜牧业、水产养殖业。

⑥ 蜂胶制品　各种含蜂胶的食品、保健品(图5-3、图5-4)、药品(图5-5)、日用品(图5-6 ~ 图5-9)和化妆品(图5-10)。

中国蜂胶质量标准(行业标准)规定:蜂胶在75%的乙醇中可溶物质大于75%为优等品,大于65%为一等品,大于55%为合格品。另外规定不允许对蜂胶进行加热和人为添加其他物质。

蜂胶质量的优劣,直接影响到食用后的效果。毛胶是其他类型蜂胶或产品的

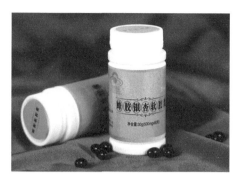

◉ 图5-3　蜂胶胶囊

◉ 图5-4　蜂胶颗粒

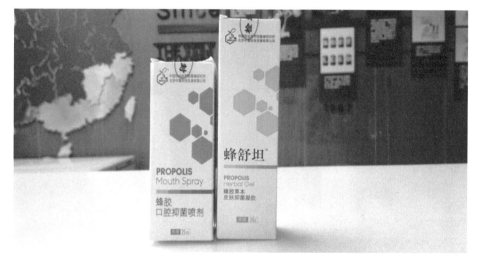

◉ 图5-5　蜂胶抑菌制品

◉ 图5-6　蜂胶牙膏

◉ 图5-7　蜂胶漱口水

◉ 图5-8　蜂胶沐浴露

◉ 图5-9　蜂胶沐浴露和洗发露

◉ 图5-10　蜂胶洗面奶

基础，因此蜂胶的优劣主要是指毛胶。主要区别优劣有以下三点：一是新鲜度，要求是当年采集的蜂胶，气味清香浓郁；二是杂质含量要低于5％；三是有效物质要高，主要指蜂胶在75％的乙醇中可溶物质越高，等级也越高。

第二节　蜂胶的成分和特性

蜂胶的成分主要来源于蜜蜂采集的胶源植物的树脂和其自身分泌物。蜂胶的化学成分十分复杂，不同的植物来源、地理分布、季节都会对蜂胶的化学组分造成影响。一般而言，蜂胶是由树脂、蜂蜡、花粉和挥发性物质等组成。蜂胶树脂中的主要化学成分为酚酸类及其酯、黄酮类化合物（黄酮，黄烷酮类，黄酮醇，黄烷酮醇，查尔酮）、萜烯类化合物、芳香醛和醇类化合物、脂肪酸类、对二苯乙烯和β类固醇等。而蜂胶乙醇提取物（EEP）是酚酸和黄酮类最丰富的提取物之一，具有多种生物学活性，包括抗氧化、抗菌、免疫调节、化学预防和抗肿瘤等作用。鉴于生产季节及胶源植物种类的不同，蜂胶的成分差异较大。正常情况下，新采收的蜂胶含有树脂类物质55%的花粉类物质，其中还有一些不明物质，尚需进一步研究分析。蜂胶的成分相当复杂，被营养学家公认为"天然的广谱抗菌剂""血液的清道夫"。现已从中分析出300多种化学成分，主要分作以下几大类。

一、黄酮类化合物

黄酮类化合物是蜂胶的主要化学成分，具有良好的抗肿瘤活性。目前，自然界已有超过4000种具有生物活性的黄酮类化合物被确认，可分为黄酮醇、黄酮、黄烷醇、黄烷酮、花青素、异黄酮6大类。人们已从蜂胶中分析出46种黄酮类成分。其中属于黄酮类的有白杨素、鼠李素等20余种；属于黄烷酮的有乔松酮、松属素等十几种；属于查耳酮的有良姜酮、樱花素等十几种；还有苯乙酮等众多种类。黄酮类物质具有高强度抗菌抑菌、消炎止痛等作用，是蜂胶的主要有效成分。

多酚/黄酮类化合物对于不同白血病细胞系的作用已有相关报道。通过比较5种化合物（懈皮素、咖啡酸、柯因、柚皮素、柚皮苷）作用在5种白血病细胞系上的实验结果发现，懈皮素对5种细胞系表现出最强的细胞毒性作用，其次是柯因和咖啡酸。而从我国天然蜂胶中提取出来的新外消旋黄烷醇和另一种新的外消旋黄烷醇混合物组分也表现出了对人海拉卵巢肿瘤细胞系的细胞毒性作用。

柯因（5,7-二羟黄酮）是一种具有抗炎、抗癌、抗过敏和抗氧化等丰富生物学活性的黄酮类化合物，并且能阻碍细胞周期运行。

Fu等研究发现，柯因可以抑制前列腺癌DU145细胞中缺氧诱因因子-1α（HIF-1α）和血管内皮生长因子的表达。柯因通过减少其稳定性来抑制由胰岛素引起的HIF-1α的表达，同时通过脯氨酰羟化增加了HIF-1α的泛素化和降解，干扰HIF-1α和热休克蛋白90的反应,并通过AKT信号抑制HIF-1α的表达。而在小鼠B16-F1和人黑素瘤A375细胞系上,柯因可以通过合成和聚集细胞内血红素前体原卟啉IX来减少黑素瘤细胞的增殖,并诱发各类黑素瘤细胞分化。

柯因在由二乙基亚硝胺引起的小鼠早期肝癌发展模型中的效果也得到了研究人员的关注。经柯因处理后的小鼠,可以明显观察到肿瘤结节的减少和减小,血清中谷草转氨酶(AST)、谷丙转氨酶(ALT)、碱性磷酸酶(ALP)、乳酸脱氢酶(LDH)和γ-谷氨酰转移酶的活性显著降低。COX-2和NF-kB p65的表达同时也大幅度降低,伴随着p53、Bax和caspase3蛋白质翻译量和转移量的增加。另外,研究人员还观察到β休止蛋白(在进行性肿瘤中扮演重要角色的一种蛋白)和抗凋亡Marker Bcl-xL也出现了明显下降。

柯因的构效关系揭示了其化学结构符合用于白血病细胞的具有强效细胞毒作用的黄酮类要求。科学家推测,修饰过的柯因或者联合治疗可能比用未修饰柯因或者单一柯因的疗效更有效。

槲皮素能够通过调整胰岛素样营养因子系统成分和引起细胞凋亡来降低非激素依赖性前列腺癌细胞的存活率。槲皮素还能抑制乳腺癌细胞、人肺癌和鼻咽癌细胞的增殖。Sugantha等的前期实验表明槲皮素可以通过抑制前列腺癌细胞系PC-3增殖、存活过程中的入侵、迁移行为和其信号分子导致细胞周期终止,并引起前列腺癌细胞的凋亡。

Xing等的实验初步证明了槲皮素可以显著下调与前列腺癌侵袭表型有关的特定基因NKX3.1的表达。此外,研究者们还发现槲皮素可以抑制ODC mRNA的激素上调水平,而ODC是在细胞增殖中扮演十分重要作用的合成多胺的调控因素。

Maurya等研究发现,槲皮素可以在HepG2细胞中下调phosphop85α,此作用与通过减少络氨酸激酶活性导致P13K失活的原理是一样的。研究表明,槲皮素可以通过竞争抑制P85α的ATP连接位点抑制PI3K活性,证明了其是降低HepG2细胞生存率的主要因素。

高良姜素(3,5,7-三羟黄酮)是在多种天然产物中被发现的一种黄酮类抗癌活性物质,在蜂胶中也有着十分重要的位置。高良姜素的抗氧化性能保护细胞不受自由基的伤害,并对癌症细胞有抑制作用。前期研究表明,高良姜素对由人白血病细胞传代的细胞的增殖有抑制作用,并能促进其细胞凋亡。

高良姜素可以破坏B16F10小鼠黑素瘤细胞中线粒体膜电位,促进细胞凋亡,降低肿瘤细胞存活性。此外，高良姜素还在一定时间内显著地降低了phosphop38 MAPK的活性，并表现出了剂量依赖性。

二、酸类化合物

蜂胶中含有30多种酸类化合物，其中主要有苯甲酸、茴香酸、桂皮酸、咖啡酸、阿魏酸、对香豆酸等，这些物质有较强抗真菌活性作用，个别类是过敏源。

三、醇类化合物

科学家从蜂胶中分析出10多种醇类成分，其中主要有苯甲醇、桉叶醇、肉桂醇、甜没药萜醇、α-桦木烯醇等，这些物质主要来源于蜜蜂分泌物，有的与蜂蜡成分极其相似。

四、脂类化合物

从蜂胶中分析出脂类化合物30多种，其中主要有苯甲酸酯、香豆酸苄酯、阿魏酸苄酯、水杨酸钾脂、异阿魏酸肉桂酯等，这些成分在其他物质中较少见，具有一定的药理作用。

五、常、微量元素

蜂胶中不仅含有碳、氢、氧、钙、磷、氯、氮、钾、硫、钠、镁、硅12种常量元素，还有铁、锰、铜、锌、铬、硒、铅、锡等30多种微量元素。研究得知，自然界中所发现的各种生物生存必需的化学元素，在蜂胶中几乎均能发现。

六、醛、酚、醚类化合物

主要有苯甲醛、原儿茶醛、香草醛、乙醛、丁酚、苯乙烯蜜20多种有效成分，这些物质在蜂胶医疗保健中发挥着重要作用。

七、萜烯类化合物

主要有苧烯、石竹烯、杜松烯、桉树脑、萘、倍半萜烯等20余种；其中苧烯等物质有强烈的气味，是蜂胶气味的主要来源。

萜烯类是蜂胶中另一大类主要活性成分。缅甸蜂胶中分离出来的13种环阿尔廷醇三萜类和4种异戊二烯类黄酮类化合物的抗癌活性已经被普遍研究。一种环阿尔廷醇型三萜表现出有效的对抗B16-BL6黑素瘤细胞毒素活性，（2S）-5，7-dihydroxy-4′-methoxy-8，3′-diprenylflavanone表现出很强的抑制人体肿瘤细胞系（肺腺癌A549细胞、子宫颈海拉细胞和纤维肉瘤）细胞活性作用。另一种缅甸蜂胶的甲醇提取物可以在营养剥夺条件下抑制人胰腺癌PNAC-1细胞的增殖。该提取物的活性追踪分离结果表明，它是一种环阿尔廷醇三萜类化合物（22Z，24E）-3- oxocycloart-22, 24-dien-26-oic acid，具有最强的随时间、剂量依赖的细胞毒性。

研究发现，希腊蜂胶提取物和二萜类物质对抗HT-29人类直肠癌细胞有着很强的细胞毒活性，且对正常人类细胞没有影响。一种二萜化合物——泪杉醇，是其中分离发现活性最强的物质，能有效阻碍癌细胞周期在G2/M期发生阻滞

八、蜂胶中的其他成分

蜂胶中含有少量的氨基酸，主要品种有精氨酸、脯氨酸等20余种，还含有丰富的维生素B、维生素E、维生素H、维生素A类等多种；同时还含有少量的糖类物质，从而证实了蜂胶成分的甾类化合物，还有一定量的酶类物质，说明了蜂胶成分的复杂，也为蜂胶的广谱性与高强度作用奠定了基础。

蜂胶的特性：蜂胶是不透明固体，表面光滑或粗糙，折断面呈砂粒状，切面与大理石外形相似，呈棕褐色、棕红色或灰褐色，有时带青绿色，少数近似黑色。具有芳香气味，燃烧时发出类似乳香的香味，味道苦涩，嚼时粘牙。用手搓捏能软化，36℃时开始变软，有黏性和可塑性；低于15℃变硬变脆，可粉碎；60~70℃时熔化成为黏稠流体。通常相对密度约1.127。部分溶于乙醇、微溶于松子油，极易溶于乙醚和氯仿以及丙酮、苯、2%氢氧化钠。蜂胶的品质与产地植物种类有关，蜂箱里获得的蜂胶，含有大约55%树脂和香脂，30%蜂蜡，少量挥发油和花粉夹杂物。

第三节　蜂胶的鉴别和贮存

蜂胶为团块状或不规则碎块，10℃以下性脆，30℃以上逐渐变软；多数呈棕黄色、棕褐色、青绿色、或灰褐色，具光泽；味微苦，略涩，有辛辣感和微麻感。正品好的蜂胶有一种独特的香味。这种香味能令人镇静、安神和感到愉快。此外，还有杀菌和清洁空气的作用。蜂胶的独特香味主要来源于萜烯类物质。萜类是异戊二烯的衍生物，有线状的，也有环状的，都含有两个以上的异戊二烯残基，其都具有特殊的香味。

产品应贮于清洁、干燥、阴凉的仓库中，离地15cm，离墙30cm。严禁与有毒、有害、有异味、易污染的物品混存，仓库周围应无污染。

第四节　蜂胶的营养及价值

蜂胶有"紫色黄金"的美称，一个5~6万只的蜂群一年只能生产蜂胶70~110g。从蜂箱中收集的蜂胶，通常含有55%的树脂和树香、30%左右的蜂蜡、10%的芳香挥发油和5%的花粉及夹杂物。

蜂胶所含的成分极其复杂，内含20大类共300余种营养成分，包括黄酮类化合物、有机酸类、醇、酚、醛、酯、醚、烯萜类化合物，以及多种氨基酸、酶类、维生素和微量元素等，犹如一个天然的"药库"。

蜂胶成分中，最具代表性的活性物质是黄酮类化合物中的槲皮素、萜类及有机酸中的咖啡酸苯乙酯。

槲皮素是很多中药材的有效成分，有扩张冠状血管、降低血脂、抗血小板凝聚等作用，与阿司匹林有协同作用，临床主要用于毛细血管性止血药和辅助降压药。萜类成分等有良好的杀菌、消炎作用，大大减轻和避免各种糖尿病并发症的出现。咖啡酸苯乙酯具有极强的抗炎和抗氧化活性，可以起到抗肿瘤的作用。

蜂胶还可用于食品保鲜，已证明蜂胶对金黄色葡萄球菌、枯草芽孢杆菌、鼠伤寒沙门氏菌等多种细菌和霉菌具有抑制作用。蜂胶的抗菌活性有利于防止食品的腐败和微生物污染。蜂胶的抗氧化活性有助于延长食品货架期、防止脂质过氧化和酸败。蜂胶液有良好的成膜性，形成的薄膜覆盖在食品表面，不但可减少病原微生物的侵染，而且可阻碍食品与外界的气体交换，减少水分蒸发，降低呼吸强度和新陈代谢，因而可减少营养物质的消耗和品质的下降，起到了防腐保鲜的作用。

蜂胶及其有效活性成分在诱导细胞凋亡、抑制肿瘤细胞增殖、抗血管增生、抑制信号转导通路的活化、抗肿瘤转移、对致癌因素的防治等抗肿瘤作用方面均有一定的效果。虽然蜂胶在体外对不同肿瘤细胞有非常明显的细胞毒性作用，但蜂胶在动物或者人体上的应用仍需考虑其生物可利用性。此外，蜂胶在体内发挥抗癌作用除考虑蜂胶的化学预防或者治疗作用外，也需要与蜂胶的免疫调节活性相结合，围绕蜂胶及其组分的体内抗肿瘤和免疫调节活性还需要更多深入的研究。蜂胶的主要抗肿瘤机制包括促进细胞凋亡、诱导细胞周期阻滞和干扰细胞代谢途径，这也可以为研发新型诱使癌细胞死亡的靶性药物提供信息，未来也需进一步开展蜂胶临床前研究来证实蜂胶的抗肿瘤效果。

此外，蜂胶还具有保肝护肝作用。咖啡酸苯乙酯（CAPE）是蜂胶中研究最多的活性成分。研究表明，CAPE具有多种生物学活性，包括抑制核因子κB、抑制环氧合酶2活性和表达、抑制TREK-2钾通道激活、预防回肠Th2免疫反应、抑制细胞增殖、诱导细胞周期阻滞和凋亡、减少淤积的肠道损伤、腺瘤性息肉和结肠癌的预防作用等。研究发现，CAPE能通过抗炎、抗氧化等方式改善由各种因素导致的肝损伤，如对CCl_4诱导的肝损伤、药物性肝损伤、糖尿病性肝损伤、电磁波诱导的肝氧化应激、肝缺血/再灌注性损伤、冷刺激诱导的肝损伤、LPS诱导的肝损伤以及胆汁淤积型肝损伤具有一定的保护作用。

第五节　蜂胶的加工

一、蜂胶活性物质的分离提取

蜂胶原胶含有较多杂质和蜂蜡，不宜直接食用，需进行处理除去杂质等不可食用物质，将蜂胶中的活性物质提取出来，进一步加工才能形成蜂胶类产品。目前，对蜂胶原胶的生产处理方法有以下几种。

（1）粉体法　最早对于蜂胶活性物质开发的方法就是机械的方法，俗称粉体法。利用机械方法将蜂胶原胶除杂后，借助机械力将蜂胶粉碎成粉末状制成产品。该方法操作简单，耗时短，不需要任何有机试剂及较深的专业知识，得到的物质也比较全。但这种方法得到的是蜂胶粗产品，不能使其中的有效物质得到最大的活性发挥，且对于蜂胶中起生理作用的物质也无法准确知道，更重要的是蜂胶产品中还含有一定量的非活性物质，所以随着研究加深，这种方法只用在蜂胶的前处理上，不再被用于蜂胶中的活性物质提取。

（2）无机试剂提取法　使用硫酸铜、硫酸铵、氢氧化钠、碳酸钠、碳酸氢钠及氨水作为蜂胶活性物质提取试剂，所用提取试剂的碱性越强提取率就越高。但强碱性的提取剂对于黄酮类活性物质具有较大的破坏性，使得所得到的提取物质活性降低，不能增加其利用率，无形之中就增加了成本及降低了蜂胶的功能效用，而且无机极性提取剂不能将蜂胶中的非极性活性物质提取出来，也就限制了蜂胶功效的开发。

（3）有机试剂提取法　为了进一步提取蜂胶中的非极性物质，并且尽可能保存蜂胶活性物质的活性，采用有机溶剂来提取蜂胶的活性物质。最初是用乙醇作有机提取剂，首先把蜂胶放在-10℃条件下冷冻，然后机械粉碎后加入乙醇溶解，不断搅拌，搁置数小时后离心取上清液，抽滤去渣，减压浓缩至浸膏，干燥后即得到固体蜂胶提取物。有研究结果表明75%~95%的乙醇提取率最好。乙醇虽能快速提取，但提取率不够高，因此有研究者对此进行了改进，即先用加入一定量的二氯甲烷，充分搅拌后，进行加热回流，搁置数小时后进行过滤，让溶剂挥发后，用乙醇热回流提取、过滤、去蜡，可得蜂胶抽提物。这样得到的蜂胶提取率很高且活性很好。

（4）硼高分子电解质法　这种方法是今年来日本科学家最新研究出的成果，是将阴离子型高分子化合物-硼高分子电解质的稀释精制水溶液与含有蜂胶物的纤维素充分混溶，高分子电解物的稀释精制水溶液可不断分解蜂胶，再加入乙醇和以海藻为原料的纤维素，从而可提取出含有效成分的亲水性凝胶体，经提炼后的结晶具有很强的除菌力，而且用这种方法得到的提取物具有很好的活性。但这种方法操作复杂，不易进行大规模推广，成本较高，非极性较强的物质难以提取出来。

（5）超临界提取法　超临界流体技术在近几十年发展迅速，在食品、医药、化工、材料科学、环境科学、分析技术等领域广泛应用。二氧化碳（CO_2）因其临界温度和临界压力低，对中、低分子量和非极性的天然产物有较强的亲和力，而且具有无色、无味、无毒、不易燃、不易爆、低膨胀性、低黏度、低表面张力、易于分离、价廉、易制得高纯气体等特点，是应用最为广泛的超临界流体。超临界CO_2萃取的过程短，萃取温度低，系统密闭。采用超临界CO_2提取工艺可以提高乙醇溶出物的脂溶性成分的收率。研究表明超临界CO_2萃取的最佳萃取条件为30MPa，温度为60℃，时间为4h。采用超临界CO_2并用乙醇作夹带剂萃取蜂胶中的黄酮类有效成分，萃取物中仅含有少量树脂、蜂蜡等亲脂性成分。曾志将等采用超临界CO_2萃取蜂胶时发现超临界萃取是一种去除蜂胶中铅的有效方法。Lee等采用超临界CO_2提取纯化了巴西蜂胶中的3，5-异戊二烯-4-羟基肉桂酸，其结果远远高于乙醚乙酯的提取率，且国外已经有人利用超临界提取的蜂胶和其他活性物质混合成了混合油。超临界CO_2提取物的得率较低，仅14.34%，该方法提取的总酚含量在以上所有方法中最小，是因为超临界CO_2提取方法中主要使用的是超临界CO_2流体，极性很小，根据相似相溶原理，提取物主要也是极性弱的物质，尽管使用95%乙醇作夹带剂，但夹带剂的量有限，95%乙醇极性与谁相比也弱一些，所以超临界CO_2提取物的总酚含量和总黄酮含量都较低。

（6）其他提取技术　除了上述几种方法外还有固相萃取技、酶法降解提取等。前者可以很好的提取挥发性物质，后者在提取黄酮类物质上有很大益处，其采用生物酶解方法对蜂胶黄酮分子进行修饰，使之转化为苷元型黄酮，可大大提高蜂胶黄酮的生物效价，同时该方法具有反应温和、环保经济、反应具有高度的专一性和选择性等优点。为蜂胶类保健产品增效找到突破口。

二、蜂胶成品加工

目前，对于蜂胶的加工，主要是将其制成颗粒剂、片剂、胶囊剂以及添加到其他产品等形式。

蜂胶的颗粒剂加工，主要是通过以下步骤进行制备的。首先，利用常规的提取方法，将蜂胶进行提出，制备出符合标准的蜂胶提取物。其次，按照一定配比，将上述的蜂胶提取物和一种固体颗粒分散剂分别进行溶剂溶解后，再混合形成蜂胶料液；最后经过滤，在40~50℃下进行喷雾干燥而成；其中，用于蜂胶提取物颗粒剂中的固体分散剂的分子量最好为4000~60000，这样可以有效保证制备出的蜂胶颗粒直径大小均匀，分散均匀不易出现黏结。

蜂胶片剂有多种，这里主要介绍一种咀嚼片的生产加工：以质量百分数计，其组成为：蜂胶40%~50%，微粉硅胶0.5%~2%，微晶纤维素10%~25%，甘露醇10%~20%，其余为乳糖。所述的蜂胶咀嚼片还含有薄荷脑0.3%~0.5%。

蜂胶咀嚼片的生产工艺：将蜂胶和微粉硅胶混合在-20℃~0℃冷冻，然后加入其他物料，进行湿法造粒，过15~19目筛，然后再40~50℃下干燥至水分含量在6%以下，冷却至室温得到所述蜂胶咀嚼片。

蜂胶的胶囊剂，主要包括软胶囊和硬胶囊两种，其中，软胶囊的加工工艺如下：

① 醇酯混合液制备　按内容物配方，将单油酸甘油酯投入不锈钢反应桶水浴加热至70~80℃，水浴温度可以是70~100℃，然后加入甘油，搅拌混合，使物料温度达到70~80℃，得到醇酯混合液。

② 醇酯蜂胶液的制备　按配方将蜂胶投入醇酯混合液中，反应桶水浴温度为70~100℃，搅拌、混合、溶解，搅拌速度不限定，溶解时间不限定，以溶解为均匀的流动液体为度。

③ 冷却　将醇酯蜂胶液冷却至50℃以下。方法不限定，可以通过降低反应桶水浴温度、反应桶内的冷却水管的冷却作用，或者放出物料自然冷却均可。目的是防止下一步加入大豆磷脂时，因温度过高而使磷脂讲解，失去活性。

④ 亲水蜂胶液制备　将大豆磷脂投入冷却至50℃下的醇酯蜂胶液，搅拌混合，直到形成均匀的亲水性蜂胶液。

⑤ 制备蜂胶软胶囊　上述的亲水性蜂胶液填充制成软胶囊。制备工艺可以为现有技术中的蜂胶液填充制成软胶囊工艺。

⑥ 然后将上述制备的蜂胶软胶囊内容物进行包衣，从而制成蜂胶软胶囊（图5-11）。

蜂胶的硬胶囊，主要是首先将蜂胶制备成颗粒物，然后将在其外面进行一层硬胶囊包装，进而制备出硬胶囊蜂胶。其中，纳米级蜂胶是现代一种比较时尚的制剂，其主要生产方法是：将10%~20%的蜂胶醇溶液，在60~80℃水浴条件下搅拌加入已经熔融的聚乙二醇6000，持续搅拌后加入卵磷脂，继续搅拌5min后超声振动，然后冷冻干燥，将冷冻干燥后的蜂胶溶于水中用微孔滤膜过滤。滤液即为

◉ 图5-11 蜂胶软胶囊

纳米蜂胶液，可作为软胶囊或口服液的原料。滤液真空旋转蒸发干燥或冷冻干燥即可得到纳米级的蜂胶粉，然后将所制备的纳米级蜂胶颗粒进行填装，从而制备出蜂胶硬胶囊。

三、蜂胶类产品

蜂胶产品大体上有液体和固体两大类别。

① 液体类有：蜂胶液、蜂胶露、蜂胶口服液、蜂胶喷剂（图5-12、图5-13）、蜂胶酒等。

② 固体类有：蜂胶硬胶囊、蜂胶软胶囊、蜂胶粉、蜂胶片、蜂胶糖等。医药方面，如蜂胶软膏等。此外，还有日用化工类产品，如蜂胶皂、蜂胶牙膏、蜂胶洗发液、蜂胶洗面奶等。

◎ 图5-12　蜂胶口腔喷剂（a）

◎ 图5-13　蜂胶口腔喷剂（b）

第六章 ■■■

蜂王浆及其加工应用

蜂王浆的分类、等级和质量标准

　　蜂王浆（图6-1、图6-2）是哺育工蜂的咽下腺和上颚腺等腺体分泌的、主要用以饲喂蜂王和3日龄以内工蜂、雄蜂幼虫的浆状物质。根据文献记载，蜂王浆的应用历史十分悠久。随着现代科学技术的不断发展，蜂王浆新的化学组分被不断发现，生理药理活性被广泛验证。近几十年来，蜂王浆越来越受到食品、医药、日化等行业的科研工作者及广大消费者的关注与喜爱。蜂王浆已成为风靡全球、经久不衰的滋补营养保健食品和药品。蜂王浆国家标准GB 9697—2008规定了蜂王浆的定义、等级、品质、试验方法、包装、标志、贮存、运输要求。此标准适用于蜂王浆的生产和贸易。

　　① 按蜜粉源种类　通常以什么花期采集的蜂王浆就称什么王浆。例如，在油菜花期所采集的蜂王浆称作油菜

◎ 图6-1　蜂王浆（a）

◉ 图6-2　蜂王浆（b）

浆，刺槐花期采集的蜂王浆称作刺槐浆。同理，还有椴树浆、葵花浆、荆条浆、紫云英浆、杂花浆等。

② 按色泽　不同蜜粉源花期所生产的蜂王浆，其色泽有较大差异。例如油菜浆为白色，刺槐浆为乳白色，紫云英浆为淡黄色，荞麦浆呈微红色，紫穗槐浆呈紫色等。可通过蜂王浆的颜色，来区分是什么蜜粉源花期生产的。

③ 按生产季节　一般在5月中旬以前生产的蜂王浆可归为春浆，5月中旬以后生产的蜂王浆归为夏、秋浆。春浆乳黄色，是一年中质量最好的蜂王浆，尤其是第一次生产的蜂王浆质量最为上乘，王浆酸含量高。秋浆色略浅，含水量比春浆稍低，辛辣味较浓，但质量则比春浆稍次。

④ 按蜂种　根据产浆蜂种的不同将蜂王浆分为中蜂浆和西蜂浆，前者产自

中华蜜蜂，后者产自西方蜜蜂。同西蜂浆相比，中蜂浆外观上更为黏稠，呈淡黄色，王浆酸含量略低。中蜂浆产量远低于西蜂浆。市场上出售的绝大部分是西蜂浆。

⑤ 按照理化指标　按照理化指标分类来确定蜂王浆等级是比较科学的，蜂王浆中含有自然界独有的10-羟基-2-癸烯酸（10-HDA），中国出口蜂王浆基本都是按此指标来确定质量和价格的，并被国外客户所公认。根据中国国家标准，一等品蜂王浆10-HAD指标大于1.4%，而10-HDA指标大于2.0时，是王浆中的极品。

⑥ 按产量　蜂王浆可分为低产（普通）浆和高产浆。由于蜂王浆为劳动力密集型的产品，产量又很低，一般一群蜜蜂一年只能产王浆3~4kg，因此生产成本很高。有关科研人员经过多年的育种.育出一些工浆产量相对高的蜂种，叫浆蜂，群年产量可达8~10kg。有一些育种场竟育出群年产王浆13kg以上，甚至更高的蜂种。根据大量的分析数据，高产浆的质量比低产浆稍差，产量越高，质量越次。

第二节　蜂王浆的成分和特性

一、蜂王浆成分

蜂王浆是一类组分相当复杂的蜂产品，它随着蜜蜂品种、年龄、季节、花粉植物的不同，其化学成分也有所不同。一般来说，其成分为：水分64.5%~69.5%、粗蛋白11%~14.5%、糖类13%~15%、脂类6.0%、矿物质0.4%~2%、未确定物质2.84%~3.0%。

蛋白质约占蜂王浆干物质的50%，其中有2/3为清蛋白，1/3为球蛋白，蜂王浆中的蛋白质有12种以上，此外还有许多小肽类。

氨基酸约占蜂王浆干重的1.8%，人体中所需要的9种必需氨基酸，在蜂王浆中都有存在，其中脯氨酸含量最高约占63%，目前在蜂王浆中已找到30多种氨基酸。

蜂王浆含有核酸，其中脱氧核糖核酸（RNA）201~223μg/g（湿重），核糖核酸3.9~4.9mg/g。蜂王浆中含有20%~30%（干重）的糖类，其中大致含果糖52%、葡萄糖45%、蔗糖1%、麦芽糖1%、龙胆二糖1%。蜂王浆含有较多的维生素，尤其是B族维生素特别丰富。另外主要有：硫胺素（维生素B_1）、核黄素（维生素B_2）、吡哆醇（维生素B_6）、维生素B_{12}、烟酸、泛酸、叶酸、生物素、肌醇、维生素C、维生素D等，其中泛酸含量最高。蜂王浆含有26种以上的脂肪酸，目前已被鉴定的有12种，它们是10-羟基-2-癸烯酸（10-HDA）、癸酸、壬酸、十一烷酸、十二烷酸、十四烷酸（肉豆蔻酸）、肉豆蔻脑酸、十六烷酸（棕榈酸）、十八烷酸、棕榈油酸、花生酸和亚油酸等，其中10-羟基-2-癸烯酸，含量在1.4%以上，因自然界中只有蜂王浆中含有这种物质，所以也将其称之为王浆酸。

蜂王浆含有9种固醇类化合物，目前已被鉴定出三种，分别是豆固醇、胆固醇和谷固醇。另外还含有矿物质铁、铜、镁、锌、钾、钠等。

二、蜂王浆的特性

新鲜蜂王浆为黏稠的浆状物，有光泽感，其颜色呈乳白色、浅黄色或微红色，颜色的差异与工蜂的饲料（主要是花粉）的色素有关。另外工蜂的日龄增加、蜂王浆保存时间过长，以及蜂王浆与空气接触时间过久而被氧化等因素，造成蜂王浆颜色加深。

蜂王浆具有一种典型的酚与酸的气味，味道酸、涩、略带辛辣，回味略甜。蜂王浆呈酸性，pH为3.9~4.1，不溶于氯仿；部分溶于水、其余与水形成悬浊液；在酒精中部分溶解，部分沉淀；在浓盐或氢氧化钠中全部溶解。

蜂王浆对热极不稳定，在常温下放置一天，新鲜度明显下降，在130℃左右失效。但在低温下很稳定，在-2℃时可保存一年，在-18℃时可保存数年不变。蜂王浆暴露在空气中，会起氧化、水解作用，光对蜂王浆有催化作用，对其醛基、酮基起还原作用。

1. 蜂王浆的鉴别主要分感官鉴别和理化鉴别

（1）感官鉴别

概括为一句话就是：一看，二尝，三闻，四捻。

一看看色泽、形态、稀稠度、有无气泡。色泽是鉴定蜂王浆花种和新鲜度的重要依据。新鲜蜂王浆以乳白色或淡黄色为好。但决定蜂王浆色泽的因素很多，有花种、取浆时间、贮存条件、掺假等。形态也是衡量蜂王浆是否新鲜的一个重要尺度，新鲜的蜂王浆呈半透明的乳浆状，为半流体，有明显的朵状。

二尝尝口感。蜂王浆在品尝时应用舌尖，细细品味。新鲜蜂王浆其味道要迟迟才能感到，味感应先是酸，后慢慢感到涩，还有一种辛辣味，回味无穷，最后略有一点甜味。如果一进口就立即有冲鼻、酸辣强烈的刺激味为不纯正味道；如尝到涩味，并有点发苦，这样的蜂王浆就不新鲜了；如果甜味较重，就应考虑是否总糖过多，超过20%即认为可能掺假。

三闻闻气味。新鲜蜂王浆有特有的香味，无腐败、发酵、发臭等异味。不过，由于蜜源的不同也可能产生特殊的气味，如荞花浆则有一种特殊的臭味。但如发现有牛奶味、蜜味或已酸败的馊味等其他异味都是不允许的。

四捻捻手感。取一点蜂王浆用拇指和食指细细捻磨，新鲜蜂王浆的手感应细腻，稍有黏性，光滑。如捻之粗糙，有砂粒的感觉，说明有杂质。浆内如果混有幼虫、蜡屑、经过研磨的细小颗粒，捻后都可以察觉出来。

（2）理化鉴别

只要符合上述的感官条件，这种蜂王浆就算基本正常，如果有争议就得借仪器分析化验来解决。

2. 蜂王浆的贮存

蜂王浆对空气、水蒸气、光、热都很敏感，空气对蜂王浆有氧化作用，水蒸气对蜂王浆有水解作用，光对蜂王浆如同催化剂可使其中的醛、酮基还原。蜂王浆在低温下性质稳定，在家用冰箱（-4～-5℃）下冷藏可保持1个月不发生显著变化，如果对在此温度下贮存一年的蜂王浆进行生物测定，即用它喂养蜂皇幼虫，培育出来的却是工蜂，而不是蜂王，说明蜂王浆已失活变质。日本曾有学者报道蜂王浆在-18℃以下冷冻保存，数年不会变质。

现在市场上的纯新鲜蜂王浆，应分成小瓶密封，避光、冷冻保存。食用时取出一小瓶，放在室温下3~5分钟，待到蜂王浆稍稍软化成冰淇淋样，用匙子挖取出服用，服用后再把瓶口盖紧放回冷冻室保存。

第四节 蜂王浆的营养及价值

（1）改善营养、补充脑力

蜂王浆中含有大量的营养素，经常食用能改善营养不良的状况，治疗食欲不振、消化不良，可使人的体力、脑力得到加强，情绪得到改善。

（2）提高人体免疫力

蜂王浆中含有免疫球蛋白，能明显提高人体免疫力，食用蜂王浆一段时间后，人们明显感到体力充沛，患感冒和其他疾病的概率降低。

（3）预防治疗心脑血管疾病

长期服用蜂王浆对三脂异常症、血管硬化、心律不齐、糖尿病等疾病患者均有很好的疗效。

（4）治疗贫血

蜂王浆中含有铜、铁等合成血红蛋白的物质，有强壮造血系统，使骨髓造血功能兴奋等作用，临床上已用于辅助治疗贫血等疾病。

（5）消炎、止痛、促进伤口愈合

蜂王浆中的10-HDA，即王浆酸有抗菌、消炎、止痛的作用，可抑制大肠杆菌、化脓球菌、表皮癣菌、结核杆菌等十余种细菌生长。医学临床上用王浆和蜂蜜配制成外用纱条，用于烫伤、冻伤、外科用于肛科创面，其止痛、消炎，改善创面血循环及营养等效果明显优于凡士林等外用纱条。

（6）预防癌症

实验表明，蜂王浆能抑制癌细胞扩散，使癌细胞发育出现退行性变化，对癌症起到很好的预防作用。

（7）蜂王浆是一种很好的美容剂

由于蜂王浆中含有丰富的维生素和蛋白质，还含有SOD酶，并有杀菌作用，是一种珍贵的美容用品，长期使用，使皮肤红润。

浙江大学研究团队利用D-半乳糖模型小鼠，研究了蜂王浆酶解产物的抗衰老作用，结果显示蜂王浆酶解产物能干预小鼠体质量的下降，抵抗小鼠活动能力的下降并提升小鼠长期学习记忆能力，同时多种内部衰老表征都有所改善，显示蜂王浆酶解产物有着极好的抗衰老功效。

最新研究表明，蜂王浆在治疗糖尿病等人体疾病上也有一定的应用。Khoshpey等研究了蜂王浆对2型糖尿病病人的血糖、载脂蛋白A1和载脂蛋白B等指标的影响；服用王浆后，病人的血糖含量显著降低，载脂蛋白A1的含量显著上升，同时载脂蛋白A1和载脂蛋白B的比值显著下降。埃及学者Zahran等研究发现，蜂王浆能有效降低全身性红斑狼疮患儿的病症，服用蜂王浆后，患者体内的CD4+淋巴细胞含量和CD4+/CD8+淋巴细胞比例显著下降。Lambrinoudaki等报道了蜂王浆对绝经后妇女身体状况的作用进行了研究，发现服用蜂王浆能有效改善更年期女性的血脂情况。我国台湾台中医院的研究团队发现，蜂王浆能有效降低血压偏高患者血液中的总胆固醇和低密度脂蛋白的含量。作为一种抗炎物质，Pajovic等将蜂王浆用于前列腺增生患者，在3个月使用后，前列腺增生患者的生活质量能得到有效提升。蜂王浆或酶解蜂王浆可以有效推迟阿尔茨海默症模型线虫的临床症状出现时间，并且能显著降低线虫体内的β-淀粉样蛋白含量；利用RNA干扰技术，证实了蜂王浆是通过调控转录因子DAF-16和胰岛素/IGF信号通路，进而提高体内蛋白质内稳态（proteostasis），从而缓解阿尔茨海默症的临床症状。这一研究为蜂王浆抗阿尔茨海默症的功效提供了理论基础。

蜂王浆在畜禽养殖业中也有广泛应用。Guldas等评估了蜂王浆对羊精子复苏后的质量和孵育过程中的活力变化，结果显示添加蜂王浆能有效提高羊精子的活力和运动能力。与此类似，巴基斯坦学者Shahzad等报道了蜂王浆在提高水牛精子活力和受精率上的良好效果。

近年来，源于国内所谓"蜂王浆激素论"的负面影响日益扩大，甚至认为蜂王浆会引发女性乳腺癌等妇科疾病等危言耸听的观点，造成了许许多多的消费者对蜂王浆望而生畏，谈浆色变，使得国内蜂王浆市场受到非常大的冲击。而且，"蜂王浆激素论"甚至波及了蜂蜜、蜂胶、蜂花粉等其他蜂产品，有的消费者怀疑所有蜂产品都可能有雌激素甚至引发乳腺癌，这突如其来的"黑旋风"席卷了整个蜂产品行业。

大量的科学实验数据及流行病学调查结果都证实了"蜂王浆激素论"没有任何科学依据。蜂王浆中确实含有性激素，但蜂王浆中性激素含量明显低于一般动物性食品性激素含量的检测限标准，只能称其为"痕量"。蜂王浆本身含有的性激素并不会对人体造成影响。但同时，由于蜂王浆中含有丰富的有机酸和活性蛋白，这些成分有可能具有性激素样作用，值得关注。

一、蜂王浆中的性激素及其"性激素样作用"

1. 蜂王浆中的性激素

"蜂王浆激素论"的传播使人们不禁要问，蜂王浆中是否含有性激素？蜂王浆中首先发现性激素要追溯到1984年，美国纽约医学院的Vittek等首先报道了在蜂王浆中发现睾酮。此后，北京市农科院和北京农业大学等在1988年报道了采用放射免疫测定法测定蜂王浆中的性激素含量，平均在1g蜂王浆中检测到雌二醇4.17ng、孕酮1.17ng、睾酮1.08ng，这远低于我国性激素检测标准100.00ng的检测下限。根据以上测定结果，蜂王浆中确实有性激素存在，但其含量微乎其微，只能算是"痕量"，距离发挥人生理活性的剂量相距甚远。

蜂王浆属于动物性食品，每天接触的动物性食品如猪牛羊肉、蛋、奶的性激素含量远远高于蜂王浆中的含量，是蜂王浆性激素含量的数十至数百倍，且蜂王浆中的性激素，如雌二醇（雌激素）、孕酮（孕激素）、睾酮（雄激素）吸收后大部分在胃肠和肝脏中被破坏，生物利用率非常低。因此，蜂王浆中的性激素对人体有害甚至会引发癌症的言论显然是没有科学依据的谣言。

2. 蜂王浆的性激素样作用

国内外的研究表明，蜂王浆存在着一定的性激素样作用。早在1999年，黑龙江中医药大学梁明等就研究发现，蜂王浆能促进雌幼小鼠子宫和卵巢发育，并能增强雄性大鼠的交配功能，说明蜂王浆具有性激素样作用。2005年，日本学者Mishima等通过体外分子药理试验发现蜂王浆中的一些成分能与雌激素受体α和β结合，并且刺激雌激素敏感基因表达和产生细胞功能；同时，体内试验表明蜂王浆是通过与雌激素受体互相作用并改变基因表达和细胞功能的，说明蜂王浆具有显著的性激素样作用，但具体的活性成分并不清楚。

2007年，日本的Mishima研究团队通过与雌激素受体β的配体结合法从蜂王浆中分离出了4种具有雌激素活性的成分，分别是：10-羟基-2-癸烯酸、10-羟基癸酸、反-2-癸烯酸和24-亚甲基胆甾醇。这些组分都能抑制17-β雌二醇与雌激素受体β的结合，尽管其作用远比己烯雌酚和植物雌激素微弱。他们认为这些成分通过增强含有雌激素应答序列的报告基因转录，从而激活雌激素受体。其中10-羟基癸酸是饱和脂肪酸，而10-羟基-2-癸烯酸和反-2-癸烯酸都是不饱和脂肪酸，这说明了饱和脂肪酸也能表现出雌激素活性。同年，日本九州大学Nakaya等研究发现蜂王浆具有抗环境雌激素效果。双酚A（BPA）是一种能刺激人乳腺癌MCF-7细胞增殖的环境雌激素。蜂王浆抑制了BPA对MCF-7细胞的生长促进作用，而且这种抑制效果是热稳定的。同时，在没有BPA的情况下蜂王浆并不影响MCF-7细胞的增殖。这表明蜂王浆可以降低BPA诱导的乳腺癌风险，但是究竟是蜂王浆中的何种物质在起作用还有待进一步研究。

2010年，希腊学者Moutsatsou等对蜂王浆中脂肪酸的雌激素受体调节功能进行了更深入的研究。他们认为蜂王浆的性激素样作用可能与10-羟基-2-癸烯酸、3,10-二羟基癸酸和癸二酸这三种脂肪酸有关。同时，他们提出了一种可能的分子机制，即尽管结构上与雌二醇完全不同，蜂王浆中的这些成分能通过调节雌激素受体α和β以及活化因子对目标基因的募集，从而调节雌激素信号进而产生雌激素活性。

2011年，日本学者Kamakura在《Nature》杂志发表了蜂王浆中的royalactin能够诱导幼虫发育成蜂王的重大发现，揭示了蜂王浆在蜂群级型分化作用中的分子机制。royalactin是蜂王浆中的57kda蛋白，能够促进幼虫生长发育，卵巢增重等，这表明蜂王浆中的蛋白质也具有性激素样作用。

2012年，南昌大学的科研团队研究了蜂王浆对青春期雄性大鼠生殖系统的副作用，发现大鼠的生殖系统对蜂王浆比较敏感，高剂量口服蜂王浆4周出现损伤睾丸微观结构和精子发生，破坏生殖激素稳态等现象，不过在停药后副作用有所减轻，机体能自我修复，然而这种副作用的机理尚不清楚。同年，日本学者Kaku等在研究蜂王浆摄入对卵巢切除大鼠和成骨细胞培养的体外试验中发现，口服蜂王浆可能通过调节I型胶原蛋白的转录后修饰作用来改善骨骼品质。

因此，蜂王浆的性激素样作用并非由于蜂王浆本身性激素所致，而是其他活性成分如脂肪酸、蛋白质等产生的。

二、正确看待蜂王浆的副作用

蜂王浆虽是绝佳的保健品，但也不是适合每一个人。如果不考虑自身情况盲目服用蜂王浆，也有可能带来相关副作用。比如，蜂王浆中的乙酰胆碱类物质对于帕金森症和阿兹海默症的病人是很好的保健品，因为其具有降血糖功能，但低血压和低血糖患者就并不合适。

蜂王浆不适宜14岁以下青少年作为常规保健品服用是因为蜂王浆的性激素作用可能造成性早熟。但对营养不良、消化系统处于不佳状态，以及青春期发育迟缓的儿童可以服用蜂王浆促进其生长发育。又如学生考试精神紧张和疲劳时可以短时间小剂量服用蜂王浆，对营养相当丰富或营养过剩的儿童就没有必要天天服用。

蜂王浆还可能诱导过敏反应。另外，蜂王浆中的激素虽然不会导致乳腺癌，但是蜂王浆中的有机酸及活性蛋白具有一定的性激素样作用，可以活化雌激素受体，增强雌激素作用，这对绝经期后雌激素正常或偏低下的女性来说就能起到很好的保健作用，但对于雌激素分泌过高的女性就可能造成乳腺增生等病症。

因此，为了让蜂王浆最大程度发挥其生理活性和保健功能，适宜人群和理性摄入都是非常重要的。蜂王浆极高的保健和医药价值是毋庸置疑的，对绝大多数消费人群也是十分安全的。要正确看待蜂王浆可能对少数人群造成不良反应和潜在的副作用。

第六节 蜂王浆的加工

一、蜂王浆的过滤

刚采收的蜂王浆中通常会混有一些蜂王幼虫和蜡片等杂质，不但不利于储存，还会影响蜂王浆的感官状态，因此蜂王浆在加工、储存和出口前，需要除掉这些杂质。目前常用的方法有滤袋挤压法、离心加压法和毛刷清渣加压法。

1. 滤袋挤压法

滤袋挤压法最为简单，适用于家庭和小型的蜂场。用60~100目绢纱滤布制成滤袋，将解冻的蜂王浆装入后扎紧袋口，放置于螺旋推进挤压装置中，缓缓加压，间歇进行，直至蜂王浆滤净。

2. 离心加压法

离心加压法是以离心力作为过滤压力的过滤方法。用60~100目绢纱滤布制成滤袋，将解冻的蜂王浆装入后扎紧袋口，各袋的重量要相等。然后置于离心装置转篮中，启动电机，慢慢加速至800~1000r/min，一段时间后滤净关机，滤渣用清水漂洗，回收10-羟基-2-癸烯酸结晶。

3. 毛刷清渣加压法

将解冻的蜂王浆倒入底部带有60~100目滤网的圆形不锈钢或有机玻璃滤筒中，将通过转轴与电机相连的毛刷紧贴滤网面，开动电机，借毛刷沿滤网面上转动时所产生的向下分力作用，使蜂王浆由滤网慢慢滤出。

过滤后的蜂王浆可以通过王浆灌装生产线装瓶（图6-3），然后进入冷冻车间保存。

二、蜂王浆的真空冷冻干燥

蜂王浆中含有丰富的蛋白质、氨基酸、维生素和多种生物活性物质，是一种功能食品和天然保健品。但新鲜王浆在常温下极易失活变质，难以长久保存，并且直接服用口感较差。为了克服这一缺陷，采用真空冷冻干燥技术将鲜王浆制成王浆冻干粉是一种较好的加工方法。

蜂王浆的冷冻干燥是将蜂王浆冻结成固态，然后放置在真空环境中，使其中

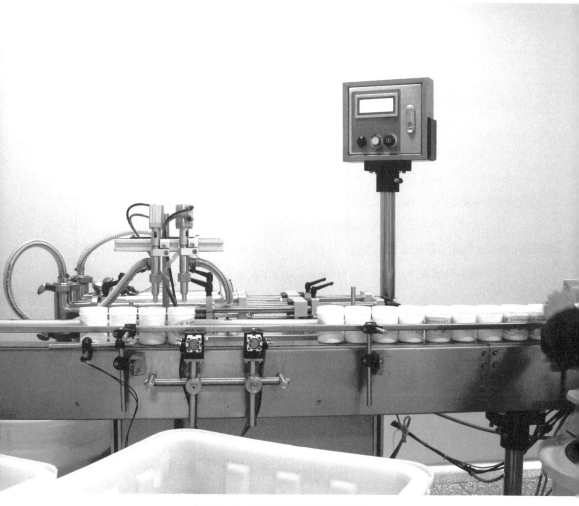

◎ **图6-3　蜂王浆加工灌装生产线**

的水分直接由固态升华成气态而除去，达到含水量为2%左右的加工过程。蜂王
浆经冷冻干燥后的制成品称为蜂王浆冻干粉，能完好地保持鲜王浆的有效成分和
特有的香味、滋味，而且活性稳定，常温下贮存3年不变质。王浆冷冻干燥需经
预处理–预冻–升华干燥–解析干燥–包装5个工艺阶段。

（1）蜂王浆的预处理

先将待冻的鲜王浆按1∶1比例加入无菌蒸馏水，经100目的滤网过滤除去杂
质，将滤渣用蒸馏水漂洗，分离出10-HAD结晶。按过滤所要求的目数磨细，返

回蜂王浆滤液中混匀，以保证蜂王浆冻干粉的疏松性和10-HAD含量符合规定的要求。

（2）蜂王浆的预冻

将预处理后的蜂王浆移入方盘中，把浆层厚度控制在8~10mm，然后送入冷库，于-40℃的低温条件下快速冻结成固体以备用。

（3）蜂王浆的升华干燥

将于-40℃低温条件下快速冻结成固体的蜂王浆移入冷冻干燥箱内（图6-4），开动真空泵，使其真空压力维持在1.33Pa左右；再开动加热系统，使冻结蜂王浆的温度由-40℃上升至-25℃，并将冷冻干燥箱内蒸汽压维持在13.33Pa左右。这就是蜂王浆升华干燥必需的温度条件和真空条件。当冻干箱内蜂王浆料温为-25℃时，凝结器的温度应为-50℃，以保证冻干箱内排出的水蒸气迅速凝结成冰，减小机械真空泵的负荷，使蜂王浆的升华干燥顺利进行。升华干燥过程大约需要12h。经此过程后蜂王浆的水分含量只能降低到10%左右，要使之降低到2%左右，还需进行解析干燥。

（4）蜂王浆的解析干燥

经升华干燥后，蜂王浆中仍含有10%的水分，这样含水量的蜂王浆还不能被长久保存。必须通过提高加热温度和保持较高的真空度，使被吸附的水分子在较大的解析推动下从疏松的蜂王浆中解析出来，以继续干燥至含水量为2%左右。解析干燥的温度以30℃为宜，最高不可超过40℃。干燥箱内的蒸汽压应维持在13.33Pa左右，以保持较大的解析动力。这一干燥过程需要4~6h。

（5）蜂王浆冻干粉的包装

蜂王浆冻干粉的吸湿性很强，为防止污染及水汽侵入，分装和封口操

◎ 图6-4　小型冻干粉生产设备

作应以最快的速度进行。对进入操纵室的空气经过净化处理，其相对湿度应低于20%。包装封口必须严格密封。

除了蜂王浆冻干粉外，蜂王浆还能制备成其他产品，如蜂王浆冻干粉含片，王浆胶囊等；此外，蜂王浆还能开发成各种新的产品，尤其是蜂王浆的美容功效的深度开发，可以开发出各种新的美容产品，如王浆面膜，王浆保湿化妆品（图6-5），王浆胶原蛋白化妆品（图6-6）及其他含有王浆成分的化妆品（图6-7）。

◎ 图6-5　蜂王浆保湿系列套装

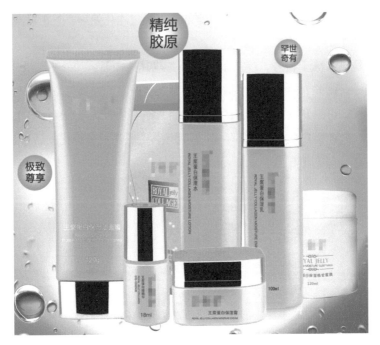

◎ 图6-6　王浆胶原蛋白化妆品套装

◎ 图6-7　蜂王浆新肌系列套装

第七章

蜂花粉的加工工艺及其应用

古生物学研究表明，经过上亿年的协同进化，蜜蜂同植物的花朵建立了密切的联系（图7-1）。蜜蜂以植物分泌的花蜜和花粉作为营养源，维系着种族的繁衍。蜂花粉就是蜜蜂利用自身特殊构造从显花植物——蜜粉源植物的花药内采集的花粉粒，经过蜜蜂向其混入花蜜与唾液，加工成不规则扁圆形，由蜜蜂后肢上的花粉筐携带回巢的团状物。蜂花粉是蜜蜂王国中重要的食物原料，经蜜蜂加工成蜂粮可供蜂群长期食用。蜂粮是蜜蜂成年工蜂，雄蜂及三日龄以上工蜂幼虫的主要蛋白质来源，是工蜂分泌蜂王浆和蜂蜡必不可少的物质基础。如果蜂群缺乏花粉，将影响蜂群的正常繁殖，严重的可导致蜂群灭亡。

蜂花粉（图7-2、图7-3）是我国大宗蜂产品之一，不仅对维系蜂群正常功能至关重要，对于人类也是最完美的营养保健食品，其含有人体生长发育所需要的全部营养成分，有"微型营养库"的美称（图7-4）。我国花粉资源丰富，据初步调查，我国约有

◎ 图7-1　蜜蜂采集花粉

◉ 图7-2　油菜花粉

◉ 图7-3　松花粉

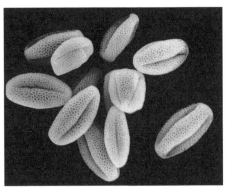

◉ 图7-4　电镜下的花粉形态

近万种蜜源植物，其中很多都是粉源植物，是非常宝贵的可再生资源，具有广阔的应用前景。我国每年生产蜂花粉6000余吨，其中，1/3作为蜜蜂饲料，蜂农自用；1/3作为药品、保健品、食品原料；1/3供出口。蜂花粉在蜂产品原料中资源极其丰富，是一种高蛋白、高糖和高脂肪的全能营养品，含有多糖、黄酮、生长素以及酶类等多种具有生物活性的物质，能够提高免疫力、延缓肿瘤细胞生长。蜂花粉还可以刺激器官及腺体，有促进心率、恢复呼吸的作用，可用于恢复体力精力、改善运动能力、延长寿命。因此，蜂花粉在食品、医疗等生产领域得到广泛应用。

第一节 蜂花粉的成分

1. 氨基酸

高丽娇等人采用标准方法分别测定分析了油菜花粉、玉米花粉、荷花花粉、茶花花粉四种花粉中的氨基酸种类及含量。结果表明：四种蜂花粉中均含有18种氨基酸，包括人体必需的8种氨基酸和蜜蜂所需的10种必需氨基酸，氨基酸总量占花粉总量的16.23%~24.73%；不同种类蜂花粉中氨基酸含量有较大差异，四种花粉中EAA/TAA的范围为39.00%~46.48%，从高到低依次为油菜花粉、茶花花粉、荷花花粉、玉米花粉，但其各种氨基酸含量分布类似，均以谷氨酸最高，占氨基酸总量的11%左右，其次是天门冬氨酸，占氨基酸总量的10.00%~11.00%。

2. 脂肪酸

马鹏媛等以石油醚为溶剂，采用冷浸提法提取伊犁地区蜂花粉中的粗脂肪，进行甲酯化处理，并用气相色谱技术对脂肪酸甲酯进行鉴定，共鉴定出24种脂肪酸并测定了其相对含量，其中不饱和脂肪酸相对含量达到63.38%，多不饱和脂肪酸相对含量为7.91%。

杨艺婷等从中国主要产地收集了20种常见的蜂花粉，进行花粉中脂肪酸的定性定量分析。以石油醚为提取试剂，通过索氏提取法提取花粉样品中的粗脂肪。采用GC-MS/SIM对蜂花粉中的脂肪酸进行定性分析，并使用35种脂肪酸甲酯标样制作标准曲线，通过外标法对待测脂肪酸进行定量分析。实验结果显示蜂花粉中的脂肪酸含量并不是很高，平均每种蜂花粉样品的脂肪酸总量为5.03mg/g，脂肪酸含量最高为蒲公英花粉10.63mg/g，最低的为桃花花粉2.70mg/g。不饱和脂肪酸含量最高的是蒲公英花粉，其含量为6.77mg/g；单不饱和脂肪酸脂肪酸含量最高的是油菜花粉，其含量为1.96mg/g；多不饱和脂肪酸含量最高的是黄玫瑰花粉，其含量为5.91mg/g。蜂花粉中脂肪酸的种类非常丰富，平均每种蜂花粉样品中含有15种脂肪酸，且多含具有特殊生理活性的脂肪酸，如α-亚麻酸、亚油酸、花生四烯酸和神经酸，二十种蜂花粉样品中均含有亚油酸和α-亚麻酸。蜂花粉样品中不饱和脂肪酸占总脂肪酸的比例均超过40%，特别是α-亚麻酸所占的比例非常大，平均含量为1.56mg/g，亚油酸的平均含量为0.53mg/g。另外，分别有十六种蜂花粉被检测到含有花生四烯酸和神经酸，平均含量分别为为0.17mg/g和0.30mg/g。一些多不饱和脂肪酸已被证实为昆虫饲粮中的必需成分，昆虫无法在体能合成这些多不饱和脂肪酸，只能从食物中获取。蜜蜂的肠道消化不了过多的油脂，花粉中适量且种类丰富的脂肪酸可满足蜜蜂生长发育的需要。

脂肪酸作为蜜蜂体内的能量物质，是细胞膜结构合成的重要原料。研究表明脂肪酸能在昆虫飞行肌内被脂肪酶分解后进入三羧酸循环。昆虫飞行时，脂肪酸能够提供能量。在蜜蜂的食物中如果缺乏亚麻酸和亚油酸，就可能会引起蜜蜂幼虫死亡、蜕皮失败、成年蜜蜂发育畸形和繁殖力下降等。对于蜜蜂的生长发育，多不饱和脂肪酸具有重要作用，添加一些多不饱和脂肪酸在蜜蜂饲粮中有利于蜜蜂生长发育。另外，有研究表明，棕榈酸和硬脂酸是蜜蜂精液中最主要的饱和脂肪酸。花粉中的一些脂肪酸已被证实具有广泛的抗菌活性。有文献曾经报道过癸酸、月桂酸、肉豆蔻酸、棕榈酸、硬脂酸、油酸、亚油酸和亚麻酸等脂肪酸具有抗菌作用。研究人员就脂肪酸抑制幼虫芽孢杆菌和蜂房球菌的抗菌活性进行了研究，发现有8种脂肪酸可抑制蜂房球菌的生长，有15种脂肪酸能够抑制幼虫芽孢杆菌的生长。另外，有研究认为蜂花粉及蜜蜂肠道中高浓度的亚油酸和亚麻酸可以为蜜蜂防止细菌、真菌感染提供强有力的保护。

3. 黄酮

王满生等人采用TLC-DPPH和HPLC等方法对油菜蜂花粉的乙醇提取物及其酸解物进行了黄酮类成分分析。研究发现，蜂花粉的乙醇提取物经过酸水解后，形成了大量以黄酮苷形式存在的槲皮素和山柰酚等黄酮类物质。

第二节　蜂花粉的加工流程

蜜蜂采集的花粉主要是来自植物的精华部分，含有丰富的营养，主要包括一些蛋白质、糖类、不饱和脂肪酸、维生素及矿物质等，是一种纯天然的营养物质，对于增强人们的健康具有很大的帮助。但是最初收集到的蜂花粉由于各种因素的影响并不利于保存和食用，因此在收集到蜂花粉后需要先对其进行干燥、去杂、杀菌、破壁等处理才能够达到保存和食用的目的。

1. 蜂花粉的干燥处理

蜜蜂采集的新鲜花粉中都含有一定的水分，一般含水量约为15%~20%，有些花粉可能会达到30%~40%。较高的含水量会引起花粉中微生物的生长，从而导致花粉在短时间内变质从而不能利用，因此新鲜花粉首先应进行干燥处理，降低其含水量才能满足后续加工的要求，通常将含水量降至5%以下。蜂花粉的干燥可以通过多种方法来完成，包括依靠自然条件的日晒和通风干燥处理，以及人为的气流、化学、物理等方法进行干燥处理。

（1）日晒干燥法　在天气晴朗的条件下可以通过此方法对花粉进行干燥。将花粉摊放在阳光直射的地方，厚度约1cm左右，然后在上面盖一层透气性好的布，防止阳光中的紫外线对花粉的破坏，同时也可以避免外界如蚊蝇、灰尘和蜜蜂的干扰，晚上时将其密封保存在干净的塑料袋中，防止吸潮，这样干燥处理3~4天后，直至用手指搓捏花粉成粉末或捏不碎即可，然后过筛密封保存供后续加工利用。

（2）通风阴干法　在花粉收集后遇到阴雨天时可采取此方法进行干燥。通常是将新鲜花粉放在一个通风但温度较高的地方，将花粉摊开，若条件允许可以借用风扇吹风来保持空气不断的流动，这样可暂时保证花粉不会在潮湿的环境中变质，然后再利用其它方法进一步干燥处理。这两种方法主要是在机器设备较落后的地方使用，如果需要大量快速的干燥则需要通过人为处理来完成。

（3）气流干燥法　主要是利用热气流来对物体进行干燥的一种方法，气流的温度越高，流速越快，相对湿度越低，干燥的速度就越快。现在常用的气流干燥设备有烘箱、隧道式干燥器和沸腾气流干燥器。

① 烘箱干燥（图7-5、图7-6）。就是在一个带有鼓风装置的大烘箱中，将花粉放在带有隔离板的架子上面，将加热器和鼓风机同时打开，使烘箱中的热气流由下至上通过各层并带走水分，最后通过上方的排气孔排处。这样可以快速地达到烘干效果。

② 隧道式干燥器干燥。就是将花粉放置在传送带上，并在传送带上经过较长距离的不断循环的热气流空间来进行干燥的仪器。在实际的操作中，一般是通

◎ **图7-5　小型烘箱干燥设备（a）**

过提高气流的温度、降低湿度以及加快气流的速度来提高烘干的效率。因此其具有干燥速度快、时间短并且可以进行大量连续干燥的特点。

③ 沸腾气流干燥器干燥。主要是通过产生高温高压的气流使花粉粒不停的运动，在运动的过程中通过热交换将水分带走，从而达到干燥的目的。该设备体积大，导热快，设备中温度分布均匀，可一次性干燥较大体积的花粉，但由于体积大在干燥过程中会散失较多的热量。

（4）化学干燥法　主要是利用化学试剂具有吸水的特性来进行干燥处理。常用的化学干燥剂有变色硅胶、无水硫酸镁及氯化钙。在一个密闭的容器中，在干燥剂上铺一层吸水性较好的布或纸，将花粉摊放在上面，通过干燥剂的强吸水特性使花粉不断失去水分而达到干燥的效果。通常干燥剂与花粉的质量具有一定的比例，变色硅胶和新鲜花粉的质量比为2：1，而无水硫酸镁和氯化钙则与新鲜花粉的质量比则是1：1。且这些干燥剂吸水后通过加热烘干可重复使用，但是效率偏低，需要的时间较长。

◎ 图7-6　小型烘箱干燥设备（b）

（5）物理干燥法

主要包括真空冷冻干燥、辐射干燥、微波干燥等。

① 真空冷冻干燥法。将花粉直接放到真空冷冻干燥器内，然后使其处于冰冻状态，最后通过抽真空直接将冰转化为气体抽走，从而达到干燥的目的，这是对花粉产生副作用最小的方法。

② 辐射干燥法。由辐射器发射出的电磁波与花粉接触后，被花粉吸收后将其转化为热能，使其内部水分汽化蒸发而达到干燥的方法。通常利用红外线进行辐射干燥，当其照射到花粉表面时，花粉中的分子在吸收红外线辐射的能量后，将会产生共振，导致分子运动加剧，从而产生热量使其内部水分蒸发，达到干燥效果。

③ 微波干燥法。就是将微波能转变成热能的过程，主要是通过高频电场的交变作用使物体自身产生热量而达到干燥的目的。在高频交变电场中花粉粒内的水分子随着电场方向不断地变化而迅速转动，在转动的过程中由于彼此间不断的

碰撞和摩擦而产生热量使水分蒸发而达到干燥效果。该方法加热迅速，效率高，花粉受热均匀，效率高，对花粉本身产生的危害较小，但成本较高。

2. 蜂花粉的去杂处理

在蜂花粉收集过程中，经常会有一些杂质如蜜蜂的头、足、翅以及草梗、蜡屑等，这样会给花粉后续的加工造成很大的影响，因此需要先经过去杂处理后才能进行下步的加工（图7-7）。通常利用风力扬除和过筛分离的方法来进行去杂。

① 风力扬除法。此法是通过在花粉不断下落过程中，在其垂直侧面通过鼓风机或风扇产生一定速度的风，从而将花粉中含有的比其质量轻的尘土、蜜蜂足和翅等吹落在较远处，从而将这些杂质与花粉区分开。

② 筛选法。先用比花粉粒体积稍大的网筛筛选，将比花粉粒大的杂质如蜜蜂的头、足、翅等过滤出来，然后再用比花粉粒体积小的网筛筛除较小的杂质，最终得到较为干净的花粉。

3. 蜂花粉的消毒灭菌

在蜜蜂采集的花粉中，含有许多不同的微生物，有些微生物不会对人体造成

◉ 图7-7　花粉的人工去杂

影响，但有些微生物则可能是病原物，会产生一定的致病作用，因此对于新鲜的蜂花粉必须进行消毒灭菌处理。而对蜂花粉的消毒灭菌一般包括化学方法的喷乙醇灭菌法和物理方法的远红外加热灭菌法、微波消毒和γ射线辐照灭菌法等。

① 喷乙醇灭菌法　乙醇浓度在70%~75%时，对微生物的穿透力最强，从而能够达到最佳的消毒灭菌效果。因此在使用此方法对蜂花粉灭菌法时，需要先测定蜂花粉的含水量，然后根据蜂花粉含水量确定应使用的乙醇浓度，从而使最终浓度控制在70%~75%。将新鲜花粉摊平在平板上后，均匀喷洒配好的已知浓度的乙醇，并在喷洒过程中不断翻动，保证喷洒彻底，然后尽快将其装入到密封的塑料袋中，防止乙醇挥发后再次感染细菌。

② 远红外加热灭菌法　远红外灭菌是通过产生热量来破坏微生物的体内的蛋白质和核酸来达到灭菌的效果。不同的微生物其耐热特也存在一定的差异，一般情况下细菌在56~60℃的液体中记过30~60min即可被杀死。通过对蜂花粉采用远红外线照射，可起到灭菌和干燥的双重效果。但是需要选择最适的温度和时间，不能进行长时间的高温处理，因为这样会破坏花粉的营养成分。实验证明：在远红外灭菌箱中，当温度恒定在40~45℃之间时，处理7h即可达到消毒灭菌的目的；如果将温度提高到45~50℃之间，则既能达到消毒灭菌的目的，有课减少处理的时间并且也不会破坏花粉的营养成分。而对于污染严重的蜂花粉则需要在70℃以下的温度下处理3h，才能达到彻底灭菌目的。

③ 微波消毒法　微波消毒是物体在外电场的作用下，产生分子极化的现象，并随着电压高频率交替变化方向而不停剧烈运动，并在运动过程中产生热量从而达到灭菌的效果。微波产生的热量对细菌的杀伤力较大，通常是将花粉摊开放在微波炉中，其中中心花粉的厚度是边缘的3倍，然后将微波炉调至最高档，按开关启动，30s后，停机开门，翻动花粉散热2min；将花粉重新摊好后，再运行30s，停机，再翻动花粉散热4分钟；然后再启动30s，停机，开门散热。当温度降到30℃左右时，即可将花粉装入密封袋中保存。在微波消毒的过程中应注意灭菌时间要短，花粉的翻动次数多。否则会使局部过分加热而引起烧焦变色。此方法灭菌效果好，对花粉的有效成分破坏较小。

④ γ射线辐照灭菌法　该方法通常是应用60Co或137Cs发射的γ射线来杀死花粉中的微生物，已广泛引用在食品方面的消毒灭菌。其特点是穿透力较强，因此可以将花粉包装好以后再辐射，避免消毒后再包装而造成二次污染。通常60Co射

线剂量为2500伦琴（1伦琴=2.58×10⁻⁴C/kg），这样既能达到好的灭菌效果，也不会破坏花粉的有效成分，但只能在具备60Co源的地方才好使用。

目前，除了以上这些常用的方法外，花粉的消毒还可采用高速电子流消毒法、环氧乙烷（ETO）氟利昂灭菌法和高压灭菌法等，这些方法在一定程度上也具有较好的效果。

4. 蜂花粉破壁

蜂花粉均具有坚硬的且不溶于水的外壳，通过显微观察发现，花粉具有两层壁，其中外壁的主要成分是纤维素和孢粉素，而内壁主要成分是果胶质和纤维素，这两层壁使花粉具有抗酸及抗生物分解的特性，使其很难被破坏掉，但是花粉壁上含有许多只具有内壁的萌发孔，试验证明人体中的消化液能够溶解萌发孔处的内壁而获取花粉中的营养，因此人体消化道对花粉营养成分的吸收并不受花粉外壳的影响。反而当花粉破壁后，其内部营养成分的稳定性将会降低，尤其是花粉的活性成分在失去花粉壁的保护后很容易氧化变质，这将给花粉及其制品的贮存带来较大的麻烦。因此在加工利用花粉的过程中，应当视加工的制品和剂型或包装而定，并不是所有的蜂花粉制品都需要破壁。一般将花粉加工成固体食品时不需要破壁，而要将其制作成饮料、酒或者化妆品时则需要进行破壁，蜂花粉破壁主要有机械破壁、发酵破壁及酶解破壁等方法。

（1）机械破壁法

通过机械的作用破碎花粉壁的方法，目前主要采用胶体磨或气流粉碎机进行。

① 胶体磨　主要是通过机械剪力，将液体、固体或胶体迅速粉碎成微粒化的设备。经过胶体磨处理后的花粉细度可达0.01~0.05cm。由于胶体磨仅适用于液体或浆体的微粒化处理，因此只能将固体花粉与水混合成浆体后才能进行。具体过程为：首先将去杂、烘干及灭菌消毒后的花粉与水以1∶1的体积混合均匀，放入-20℃的低温冰箱中冷冻24h左右，然后迅速升温至50℃再次变成匀浆后，放入胶体磨进行磨碎，此过程重复2~3次可使花粉的破壁率达到80%~90%。

② 气流粉碎机　主要有超音速喷射粉碎机、立式环形喷射式粉碎机和对冲式气流粉碎机等。它是利用压缩空气或热蒸汽产生的高速气流对花粉进行冲击，是花粉之间产生强烈得碰撞和摩擦，从而达到粉碎破壁的效果。利用此方法可使花粉的破壁率达90%以上，但是在进行气流破壁之前应先去除花粉中的杂质并是

花粉的含水量小于2%，并且也应当时周围环境的相对湿度低于45%。

（2）发酵破壁法

该法是通过微生物的作用使花粉壁破裂的方法，而且还可以脱敏和灭菌，并且也不会破坏花粉的营养成分。最终通过发酵作用破壁后的花粉末，可直接用于食品或各种剂型的饮料。发酵破壁法又可分为间接发酵法（酵素液发酵法）和直接发酵法。

① 间接发酵法　又称为酵素液发酵法，是一种人工接种曲霉发酵花粉的方法，一般包括四个步骤：首先是制备能够接种曲霉的培养基，将1%的硫酸亚铁溶液与米糠按一定的比例混合（一般是1~2kg硫酸亚铁溶液里加7kg的米糠），并加入1.8%~3.6%的食用醋，充分混匀后在20℃室温下放置12h，然后蒸煮15~20min进行灭菌处理；当培养基冷却至20~30℃时，将曲霉菌种菌种接种到培养基中（10kg培养基加10g的菌种），接好菌种后，将混合后的培养基做成2~3cm厚的培养板，放在已灭过菌的培养室内进行扩大培养，在发酵过程中，应注意调整培养基表面温度，使之保持在40℃左右发酵24h，发酵后的培养基加入约30℃温水，混匀后压榨出发酵液以备用；将发酵液的温度调至25~35℃，加入一定量的花粉（一般是以发酵液能浸没花粉为宜），然后将浸有发酵液的花粉平摊在培养盘上，放在培养室内发酵。10h后开始发酵，花粉的温度逐渐上升，这时需要调节室内温度使花粉的温度不能超过37℃，经过48h发酵后花粉壁破裂，然后通过强热风或低温真空干燥的方法进行干燥，将干燥后的花粉妥善贮存备用。

② 直接发酵法　该法是利用花粉自身具有的酶类或微生物来进行发酵破壁的。首先通过加温水将花粉的含水量调节到14%~30%，实践证明，当用手捏住花粉感到有一定弹性时，含水量大概在20%左右，这是发酵时的最佳含水量，而花粉的含水量一定不能低于14%，因为含水量过低的话会降低微生物的活性，延长发酵时间，如果含水量超过了30%，则会使其它杂菌也开始活动，从而引起花粉发霉变质，所以需要把握好花粉的含水量，最好将其控制在20%~25%；将含水量调节后的花粉摊放在培养板上，厚度2~4cm，放进温度严格控制在36~38℃之间的培养室中，发酵48~72h后即可破壁，在发酵过程中每隔10~12h将花粉翻动一次，使其发酵均匀。培养室的温度是花粉发酵成败的关键，如果温度低于于35℃，花粉不会发酵或所需发酵时间过长，而若温度高于39℃，则因花粉发酵太快而造成了变质。由于花粉发酵是放热的过程，有时温度会剧增，所以必须严格

管理，及时排风降温；发酵破壁后的花粉要及时进行干燥处理，通常用热通风或低温真空干燥法等，最后将破壁后的花粉密封保存以备用。

（3）酶解破壁法

该法采用相应的酶类如纤维素酶和果胶酶等，将花粉外壁的纤维素、孢粉素和果胶等成分酶解掉的方法。首先加入一定量的纤维素酶和果胶酶（一般是花粉总量的0.2%），在40~50℃的条件下搅拌5h，然后同样加入花粉总量0.2%的蛋白酶，同样在40~50℃的条件下搅拌8h，最后即可得到破壁的花粉。

天然花粉经过上述系列加工后，即可进行灌装入库或销售（图7-8），除了传统的粗加工外，蜂花粉还可以加工制成花粉片（图7-9）、花粉软胶囊（图7-10），还能利用蜂花粉的功能，开发出一些药剂，如含有油菜花粉成分的前列康等。花粉还具有很好的美容效果，但目前市场上开发蜂花粉美容护肤产品还不够多，因此，还有很大的开发潜力。

◉ 图7-8　花粉加工生产线

◎ 图7-9　花粉片

◎ 图7-10　花粉软胶囊

第三节 蜂花粉的应用

蜂花粉之所以拥有多种生物活性，是因为蜂花粉中含有多种营养物质和植物化学物质，如蛋白质、氨基酸、维生素、多酚类物质、类胡萝卜素、脂肪酸。一些国家将花粉加工成各种制剂，开发成营养品、美容化妆品以及保健食品等等。蜂花粉除了具有较高的营养价值外，也具有一定的医学价值，对于人体内的生理功能、各个器官的系统的生理活动都具有不同程度的调节作用。如帮助慢性疾病的恢复、减缓衰老和帮助降低胆固醇水平等。蜂花粉在传统医学得到广泛的应用，因其特殊的生理功能被应用为降血脂药和抗氧化剂等；人类很早就对蜂花粉有了一些认识和应用，我国早在两千多年前就有对花粉应用的记载，《神农本草经》中记载了香蒲花粉和松花粉的医疗作用，"主治心腹寒热邪气，利小便，消瘀血，久服轻身、益劲、延寿"。随着科学技术的发展，人们对花粉各方面的研究更加深入，特别是在现代疾病的应用中，具有很好的医疗保健作用。

1. 花粉的降血脂作用

由于生活水平的不断提高，人们的膳食结构发生了较大的变化，高热量、高脂肪的食物容易引起心脑血管疾病，而这种疾病现在已经成为世界上严重威胁人类健康的一大杀手。经过长期的研究和试验，研究人员发现花粉能有效地降低血清中胆固醇和血脂，预防冠心病的发生，如给具有高脂血症状的小鼠饲喂不同品种的花粉，经过一段时间观察发现油菜、玉米和向日葵花粉均能有效的降低小鼠体内血清总胆固醇、甘油三酯的水平，并且效果与服用药物相当，同时也发现了油菜和玉米花粉可使小鼠肝组织的胆固醇、甘油酯及过氧化物的含量减少，这表明花粉在治疗高脂血症及抗衰老中有一定的作用。同样花粉对于高脂血患者的研究也发现，其能够明显降低患者的血清总胆固醇、甘油三酯和低密度脂蛋白，提升高密度脂蛋白胆固醇，这也证明了花粉有明显的降血脂作用。这些研究表明，花粉具有和降血脂药物同样的功效，能够明显降低人们的血清甘油三酯、总胆固醇，并且对冠心病保护因子——高密度脂蛋白有明显的提升作用。由此可见，花粉在降低血脂、预防和治疗冠心病方面具有明显的作用。

2. 花粉的抗辐射作用

生物体在受到辐射后其机体的细胞和组织会受到损伤，从而加速自身的衰老及免疫功能下降，导致多种疾病的产生。实验表明当小白鼠受到60Co的照射后，其体内的过氧化脂质含量将增高，当用花粉和维生素E共同处理后发现，饲喂花粉的小鼠血浆和肝脏组织内的过氧化脂质水平明显低于对照组，而维生素E组的水平更低。另外经辐射后小鼠的脾脏缩小且体重减轻，而饲喂花粉则能使其得到回复，维生素E则不能，这表明花粉具有比维生素E组更好的效果。

3. 花粉的抗衰老作用

花粉能够提高机体内抗氧化酶如超氧化物歧化酶（SOD）的活性，这些酶能够为机体在受到超氧自由基对其产生损伤时提供保护。动物模型实验也表明花粉还能够使小鼠年龄增加，以及胸腺重量和胸腺细胞增加，从而防止疾病的发生，这也说明花粉与抗衰老有关。

另外玉米花粉对家蝇实验表明，随着时间的增长，玉米花粉能减缓超氧化物歧化酶的活性的下降速度，且抑制过氧化脂褐质含量的增加。这些均表明花粉具有延缓衰老的作用。

4. 花粉对造血功能的影响及防止贫血的作用

研究表明花粉中含有丰富的铁、铜、钴等微量元素和维生素，能够增强骨髓的造血功能。另外花粉还可保护细胞免受电离辐射损伤，这可能与花粉能够向骨髓提供各种酶和辅酶等物质，促进机体物质合成有关，这表明花粉具有辅助恢复机体造血和改善贫血的作用。人体血液主要是运输营养和氧气，而血液的制造则是由骨髓和一些矿物质及维生素来共同完成，如果造血功能发生障碍或造血所需的矿物质、维生素不足，就会发生造血功能低下和血红蛋白生成不充分等贫血现象。而花粉具有明显改善贫血的症状及化验指标的作用，临床显示用花粉治疗儿童营养性缺铁性贫血有很好的作用，可使血红蛋白和红细胞增加。因此花粉在有机体造血功能及防止贫血方面具有重要的作用。

5. 花粉具有抗缺氧的作用

研究表明花粉具有明显的抗缺氧作用，实验发现机体在缺氧的条件下食用花粉后能够显著降低机体的耗氧量，加快机体对缺氧环境的抵抗能力，并能够保证大脑和心脏所需高能化合物的含量处于正常的水平，从而大大提高了机体的抗缺氧能力。

6. 花粉对提高运动能力的作用

由于花粉中含有丰富的营养和矿质元素，当人体消化吸收后能够增进和改善组织细胞氧化还原能力的物质，加快神经之间的传导，使肌肉处于兴奋状态，从而提高运动员的反应能力。研究表明运动员在每天服用50g花粉后，身体状况尤其是在能量代谢、组织及血氧分压等方面得到了明显的改善，从而能够增强运动的体力、耐力和爆发力，并且能够快速消除疲劳使其始终保持良好的竞技状态。20世纪70年代以来，许多国家的运动员在食用花粉后其身体素质和运动成绩都得到了显著提高。

7. 花粉具有保护肝脏的作用

肝脏疾病是人类最常见的疾病之一，严重威胁着人类健康。肝细胞损伤是各型肝病的病理基础，治疗与纠正肝细胞损伤是治疗各种肝病的主要措施之一。许多研究表明花粉能够很好地保护人们的肝脏，由于肝脏是肝是人体重要的排毒器官，因此人们在吸食和接触到有害物质后会对肝脏造成极大的伤害。研究人员在对50例肝病患者进行口服花粉后发现，患者病情及胆红素、转氨酶含量都有好转，这表明花粉对肝病有一定的修复作用。这在一定程度上说明花粉能够改善肝脏功能，也预示了花粉有很好的治疗肝脏疾病的前景。

高丽苗等通过对油菜蜂花粉的分离纯化，得到槲皮素苷QMP、山奈酚苷KMG和KMP三个化合物。通过体外培养L-02细胞，建立四氯化碳损伤模型，采用MTT实验，来研究QMP、KMG和KMP抑制四氯化碳诱导L-02细胞损伤的作用。实验证明QMP具有显著的体外抗氧化和保肝作用，且其抗氧化作用是保肝作用机制之一。花粉提取物可以显著降低四氯化碳致损小鼠肝脏血清中谷丙转氨酶以及胆红素的水平，并且破壁蜂花粉对CCl4引起的急性化学性肝损伤的预防作用效果优于未破壁花粉，并存在量效关系。赵立新用含花粉的饲料喂养小鼠，发现花粉能明显增加小鼠血清中SOD、CAT的活性，降低脑组织中MDA含量。

8. 花粉具有抗前列腺增生和抗炎作用

前列腺疾病是中老年常见的疾病，主要表现为尿急、尿痛、尿频、排尿不畅、夜尿等，并且也会影响性功能，这种病的发病机理尚未彻底了解，一般认为是与机体内分泌系统的调节和控制平衡失调、器官组织生理功能衰变等多种因素有关。研究表明花粉对治疗前列腺功能紊乱有良好作用，国外多为学者研究发现花粉能够有效的治疗前列腺炎症，对前列腺体呈现非常显著的抑制作用，并且改善内分泌的调节功能，具有很好的治疗效果。

9. 蜂花粉具有抗肿瘤作用

王博等选取菊花蜂花粉为原料，通过水提、醇沉得到总多糖WDPP，再通过离子交换层析得到一个中性糖（WDPP-N）和两个酸性糖级分（WDPP-1，WDPP-2）。通过高效液相色谱法测定各级分的单糖组成，通过对肿瘤细胞增殖作用的影响探讨各级分的抗肿瘤活性。结果表明，WDPP-N主要由半乳糖、阿拉伯糖和葡萄糖组成，比例为30.3：31.6：32.7；WDPP-1和WDPP-2都主要由半乳糖醛酸、半乳糖和阿拉伯糖组成，还含有少量的鼠李糖、葡萄糖等。WDPP-N和WDPP-2浓度为5mg/mL时对肿瘤细胞HCT116增殖的抑制率分别为38%和32%，对HT-29增殖的抑制率为42%和47%，WDPP-1对肿瘤细胞增殖作用的影响不显著，而WDPP在浓度为5mg/mL时对HCT116和HT-29肿瘤细胞增殖的抑制率分别为61%和81%。因此，菊花蜂花粉总多糖WDPP抑制肿瘤细胞增殖的活性优于中性糖和酸性糖。

10. 花粉具有增强免疫和助长发育的作用

研究发现花粉能够提高人体的免疫力，主要是通过提高淋巴细胞和巨噬细胞的数量及活性。身体虚弱易于生病的人常伴有免疫功能低下，因而体虚者及免疫功能低下的老年人应经常服用花粉，这样可增强抵抗力，促进健康，并通过免疫功能增强延缓衰老。除此之外，花粉中还含有促进生长"因子"，对由于早期生病而生长迟缓、智能低下的儿童效果明显，并可助长发育、提高智力。另外花粉还可增强骨质，对助长骨骼发育很有帮助。

11. 花粉具有美容的作用

蜂花粉还能应用于化妆品领域，日本研究者将蜂花粉称为"健康美容之源"。有关花粉的美容效果子啊我国古代的书籍中就有所记载，如《本草纲目》中记载"莲蕊，固精气、乌须发、悦颜色"；《普济方》中记载"红、百莲花、桃花、梅花、梨花蕊，研末可悦颜色"。有报道称利用一些植物汁液和花粉混合后，连续使用6个月可令发生长，有光泽。除了这些以外，花粉中也含有丰富的维生素A和维生素E，其中维生素E有扩展末梢血管的功能，而当人体维生素A不足时，皮肤的角质层变厚且粗糙，且皮脂腺和汗腺被堵塞，妨碍皮肤排泄，易生粉刺和脓疮，而维生素E和维生素A合并作用后可改善血液循环，促进皮肤的营养和氧的供给，对美容护肤作用十分显著。

除了以上功能外，蜂花粉在治疗习惯性便秘、增强记忆力、改善脑功能等方面也有较好的作用。总之蜂花粉是一种对有机体非常有益的物质，具有很高的食用价值。

第八章

其他蜂产品的加工工艺及其应用

第一节 蜂蜡及其加工技术

一、蜂蜡的简介

蜂蜡，又称黄蜡、蜜蜡（图8-1）。蜂蜡是由蜂群内适龄工蜂腹部的四对蜡腺分泌出来的一种脂肪性物质，蜜蜂用它来筑造巢脾。试验证明，工蜂每分泌1kg的蜂蜡大约消耗8kg的蜂蜜。一个强群在春夏两季能分泌大约7kg蜂蜡。蜂蜡在工业和医疗上的应用，越来越引起人们的重视。

二、蜂蜡的分类与成分

蜂蜡是一种非常复杂的物质，主要成分是高级脂肪酸和高级一元醇所形成的酯，约占70%~75%，游离脂肪酸占13.5%~15%，饱和烃类占12%~16%，以及少量的色素、芳香物质、微量元素等。

蜂蜡因为产地、蜂种、类别及加工方法的不同，其化学成分存在一定的差异。根据蜂种的不同，可将蜂蜡分为中蜂蜂蜡和西方蜂蜂蜡，其中西方蜜蜂蜂蜡包括意大利蜂、高加索蜂等分泌的蜂蜡。根据生产方式，可把蜂蜡分为蜜盖蜡和巢脾蜡。蜜盖蜡是取蜜时用刮蜜刀切割巢房封盖得到的蜂蜡，这部分蜂蜡颜色

白、蜡质纯，是蜂蜡中的上品。巢脾蜡是取自巢脾等部分的蜂蜡，这部分蜂蜡因含有花粉、蜂胶等而使蜂蜡颜色变深，质量比蜜盖蜡差一些。一般来说，意大利蜂分泌的蜂蜡产量高于其他西方蜜蜂和中蜂，而中蜂分泌的蜂蜡质量明显优于多数西方蜂。

中医学认为，蜂蜡味甘、淡，性平，无毒，归肺、胃、大肠经。具有解毒、止痛、生机润肤、止痢止血等功效。纯蜂蜡是一味中药，可与其他中药成分配伍后制成中药丸内服，也可以直接和食物煎服，民间用蜂蜡炒鸡蛋，服后可很好的治疗支气管炎、慢性支气管炎和各种痨疾。

蜂蜡在医疗保健上应用广泛，主要用于理疗、药品、内服、外用、和润滑剂等。本身具有轻微防腐、保湿、抗菌的工效，加热溶解后可使油水混合乳化；也是DIY制作各种油包水配方乳霜、护唇膏和芳香蜡烛等最常用到的天然成分。将其制成各种软膏、乳剂、栓剂，可用来治疗溃疡、疖、烧伤和创伤等多种疾病。口腔咀嚼蜂蜡能治疗咽颊炎和上颌窦炎。咀嚼封盖蜡能增强呼吸道免疫力和治疗鼻炎等。将蜂蜡制成清凉压布软膏敷贴患部，可治疗闭塞性动脉内膜炎、牙周炎和痉挛性结肠炎。蜂蜡与碳酸钙、矿物油和纯松脂混合而成的化合物可以治疗慢性乳腺炎、湿疹、烧伤、创伤、癣、皮炎、脓肿乳头状瘤。

经提炼的纯正蜂蜡呈白色，未经加工的蜂蜡颜色为淡黄色、黄色和暗棕色，蜂蜡的黄色来源于花粉的油溶性类胡萝卜素。此外，提纯蜂蜡时，使用铜、铁等金属容器以及过度加热等，都可导致蜂蜡颜色变深。

蜂蜡在常温下呈固体状态，具有可塑性和润滑性。纯蜂蜡在咀嚼时不粘牙，咀嚼后呈白色，没有油脂味。将蜂蜡剖开时，断面有许多微纫颗粒的结晶体。贮存于较低温度下的蜂蜡，其表面经常产生粉状的"蜡被"。

蜂蜡在20℃时的相对密度为0.956~0.970。温度升高，密度降低。蜂蜡的熔点，随来源不同有所差异，但一般都在62~68℃。溶化了的蜂蜡，在比熔点低0.1~2℃时，开始转变为固态，这时温度称为凝固点温度。蜂蜡不溶于水，略溶于冷乙醇，在四氯化碳、氯仿、乙醚、苯、二硫化碳里则完全溶解。

蜂蜡乙醇溶液对蓝色石蕊试纸呈微红色反应。蜂蜡乙醇溶液内加酚酞指示剂并加入少量弱碱时，发生粉红色反应，而后迅速褪去。蜂蜡乙醇溶液中掺进水时，不发生浑浊现象，而呈现淡红色。

三、蜂蜡的感官检验

纯蜂蜡，色彩艳，有韧性，无光泽，有波纹；一般中间突起，断面结构紧密，结晶粒细，有蜂蜡气味；用牙能咬成透明的薄片，不透孔，咬不碎，不松散，不粘牙。用指甲掐，粘指甲，无白印；用棒槌敲打或从空气中丢到地面上，声音闷；将蜡软化捻成细条，一拉就断，断头整齐；将两段重合，容易捻在一起；用火烧蜡块，蜡液滴在草纸上珠片薄匀，不浸草纸，无渣；蜡液滴水中，成透明薄片，手捻不碎。

四、蜂蜡的加工流程

蜂蜡经水煮熔蜡和过滤处理后，其中仍含有蜂花粉、茧衣碎片以及其他杂质微粒，影响其色泽和品质。根据后续加工的需要，通常还应进行澄清和脱色处理。

1. 蜂蜡的澄清处理

蜂蜡的澄清处理，就是应用强氧化剂如硫酸，使熔蜡中的机械杂质氧化，絮凝，进而沉降分离。用量以浓硫酸计约为蜂蜡的1%。蜂蜡隔水完全熔化后加入硫酸。稀硫酸用量较大，须在维持加热的状态下缓缓加入，以防蜡温下降。浓硫酸用量少，应一次加入，加入后会放出大量的热，要防止跑锅，引起火灾。加硫酸后的蜂蜡，应保持蜡温于68℃以上，静置20~30min，然后让其自然降温至完全凝固，再刮除底部黑色物。经澄清处理的蜂蜡，色泽由黑褐色降至淡黄色。

2. 蜂蜡的脱色

蜂蜡的颜色主要来源于花粉中的脂溶性色素。其次，蜂蜡分离时受金属容器污染，或分离加热时温度过高等，都能导致蜂蜡色泽加深。根据商品蜡的要求，需要对原蜂蜡进行脱色处理，使其颜色呈白色或浅黄色。

（1）日光脱色法

将带色的蜂蜡溶化，用打蜡器将流入缸中的蜡液搅拌成蜡花（薄蜡片），在日光下长久晾晒，经氧化为白色，其加工过程为：

① 熔化。化蜡，用铝、锡或不锈钢材料制作的双层隔水锅熔蜡，保持蜡液在75~85℃下恒温静置1~1.5h，使杂质沉淀缸底。

② 打制蜡花。将澄清的蜡液用小桶注入打蜡花机上的漏斗内，开动螺旋桨，以60r/min转动，蜡液流入冷水中即成蜡花。

③ 日晒脱色。将蜡花均匀的摊到白布单、竹床、木板上，放在日光下晒，每天喷淋1~2次水。经7~10d，重新将蜡制成蜡花，再晒，重复2~3次，即可制成白蜡。

④ 成型制块。漂白后的蜡花放入熔蜡锅内加热熔化，然后将蜡液浇入所需要蜡块形状的容器内，冷却后即成为所需要的蜡块。附着在蜡块外周的碎屑杂

质，用刀可刮除。

（2）化学脱色法

化学脱色主要对因受金属污染而呈现绿色、棕黑色的蜂蜡进行脱色处理，一般采用乙二胺四乙酸二钠盐脱色。按1L水加入1.88L乙二胺四乙酸二钠盐处理492g蜂蜡的配比，投入玻璃或者不锈钢容器中，搅拌并加热到90~95℃时，保持蜂蜡和溶液充分混合1h，停止搅拌，慢慢冷却，取出固化的冷蜡块。刮去下面的凝结物，然后重新用淡水熔化，搅拌几分钟后冷却，刮下底层，这样处理后的蜂蜡呈白色。

此外，还有氧化剂如重铬酸盐类，高锰酸盐类，过氧化物和氯化物进行化学漂白。

（3）吸附剂脱色

其方法是把硅藻土、活性炭等吸附剂加到熔化了的蜂蜡中去，将混合物搅拌几个小时，充分吸附蜂蜡中的色素，再通过压力过滤机除去所有的固体微粒，达到漂白蜂蜡的目的。此法的关键在于设备的性能，必须保证整个过滤过程中蜂蜡都处于液态和保持足够的压力，才能分离除去所有固体微粒。

五、蜂蜡的加工用途

蜂蜡由多种有机混合物组成，它能与植物蜡、矿物蜡、动物油、脂肪酸、甘油酯等溶合在一起。蜂蜡具有韧性好、绝缘性能强、能防水、防潮、防腐等特性，所以从古到今，用途都很广泛。在历史上蜂蜡广泛用于治病、制造蜡烛，在现代的电子、机械、光学仪器、医药、轻化工业、食品与纺织业，以及农林业、养蜂业等，也都应用到蜂蜡。

蜂蜡在医药上的用途：①蜂蜡疗法，对于肌肉、肌腱和韧带扭伤和挫伤都有一定的治疗效果；②药品包装要用蜂蜡；③药物制剂的包衣；④制作膏剂；⑤口腔医学；

蜂蜡在农、牧、果林业的用途：①蜂蜡在农业上的应用，主要是利用蜂蜡制备一种生长刺激素；②蜂蜡在养蜂业上的应用，主要是利用蜂蜡来制作蜂巢；③蜂蜡在果林业上的应用，主要是用于果树的接木蜡和害虫黏着剂。

蜂蜡在轻化工业的用途：①用于制造化妆品与戏剧油彩的原料；②用于制作

彩色铅笔的原料；③用于制造油墨中的原料；④用于制造蜡光纸的原料；⑤用于制作皮鞋的原料；⑥用于制造上光蜡与烫蜡家具的原料。

蜂蜡在光学仪器和电器上的用途：①蜂蜡在制造光学仪器上的用途；②蜂蜡在电器上的用途。

蜂蜡在食品加工业的用途：①用作食品涂料；②用作食品包装纸；③用作食品外衣。

蜂蜡在纺织、印染业中的用途：①制作蜡线的原料；②制作通丝的原料；③制作防雨布的原料；④制作蜡印花布的原料。

从蜂群中淘汰的旧蜂巢主要成分是蜂蜡，蜂巢蜂群及繁殖后代的场所，由数个巢脾组成。老旧蜂巢的制剂能够促进细胞的免疫功能，因此具有很高的药用价值，它不仅具有治疗肝炎、鼻炎和风湿性关节炎等疾病的疗效，而且蜂巢的浸泡液对乙型肝炎表面抗原具有灭活的作用。另外蜂巢对细菌如金黄色葡萄球菌、绿脓杆菌、大肠杆菌、痢疾杆菌、伤寒杆菌和普通变形杆菌等都有很强的抑制力和真菌如烟曲霉、黄曲霉、茄镰菌、明串珠菌等都有很强的抑制作用。

蜂巢富含激素和多种维生素，能够调节人体的内分泌以及滋补强身，并且在许多方面对人体都有一定的影响。主要有以下几方面的用途：

① 治疗过敏性鼻炎。将带蜜粉的蜂巢用开水煎服或直接嚼服，一日三次，连服2~3个月，队友过敏性鼻炎具有明显的效果，若长期服用可逐渐使过敏性鼻炎痊愈。

② 治疗咳嗽。将蜂巢浸泡在其3倍体积的食用醋中，十天左右便可以使用，一天二次，每次大概10g，连续服用一段时间后咳嗽症状将明显减轻。

③ 对心血管功能的影响。从蜂巢中获得的丙酮提取物注射到家兔的静脉中，能够使其心脏运动加强；而在离体蛙心灌流中，不同浓度的丙酮提取物可促使心脏的收缩振幅的变化，浓度越高振幅越大，如果超过一定浓度则具有抑制的作用。在灌流液中加入蜂巢的丙酮提取物后，可使蛙和兔耳血管扩张，这表明其对心血管功能具有一定的影响。

④ 抑制癌细胞生长。国外研究发现从蜂巢中提取称为胶质壳的物质，具有抑制癌细胞繁殖的效果，这只是体外试管中研究的结果，在小鼠的实验中发现其也具有抑制癌细胞转移的作用。

另外，蜂巢也是一种很好的食品，但在一些情况下人们食用了蜂巢以后会出现一些不适的症状，这主要是由于蜂巢中的巢蜜纯度较高，胃部吸收不好造成的，这时及时喝些醋后，该症状将很快消失，但如果是由于对其过敏，则以后不能再食用。

第二节 蜂毒及其加工技术

一、蜂毒的简介

蜂毒是工蜂遇到攻击时通过蜇针排出的毒液，它由工蜂的毒腺和副腺分泌并贮存在毒囊内。新出房的幼蜂毒囊内仅有很少的毒液，随着日龄的增长逐渐积累起来，至15日龄时约为0.3mg，18日龄以后的工蜂就不再产生更多的蜂毒。之后，毒囊中的毒液重量保持恒定，贮存在毒囊里的毒液，一经排出，就不会得到补充。蜂毒可以通过专门的取毒设备收集。

蜂毒是具有高度生物学活性和药理学活性的复杂混合物，主要以肽类为主，其中，有蜂毒素、活性酶、生物胺、蜂毒肥大细胞脱粒肽等十余种活性肽，此外，还有透明质酸酶、蜂毒磷脂酶A2及组胺等50多种酶类物质。其中，蜂毒素约占蜂毒干重的50%，是蜂毒的主要成分，具有高度的药理作用和生物学活性。可以通过多途径影响细胞的信号传导系统，并可诱导细胞凋亡，具有抗风湿、神经阻碍、抗菌、抗病毒、抗炎等方面作用；美国华盛顿大学的研究人员发现蜂毒具有抗肿瘤及抗人体免疫缺陷病毒HIV的作用。

二、蜂毒的理化性质

蜂毒是一种透明液体，具有黏性和特殊的芳香气味，味苦，呈酸性反应，pH值为5.0~5.5，相对密度为1.1313。在常温下很快就会挥发，干燥为原来液体重量的30%~40%，变成阿拉伯胶样的透明块状。这种挥发物的成分至少含有12种以上的可用气相分析鉴定的成分，包括以乙酸异戊酯为主的报警激素，由于其在采集和精制过程中极易散失，因而通常在述及蜂毒的化学成分时被忽略。蜂毒极易溶于水、甘油和酸，不溶于酒精。蜂毒溶液不稳定，容易染菌和变质，只能保存几天；加热到100℃经15min则组分破坏，至150℃毒性完全丧失。蜂毒可被消化酸类和氧化物所破坏，在胃肠消化酶的作用下，很快的失去活性，这是因为蜂毒中很多活性成分为此类物质易被蛋白酶分解的缘故，氧化剂能迅速破坏它。醇可降低其活性。碱与蜂毒有强烈的中和作用。苦味酸、酪酸、苯酚及某些防腐剂，都与蜂毒有作用。所有的生物碱沉淀剂，也能和蜂毒发生作用。干燥蜂毒稳定性强，加热至100℃，经10d仍不失其生物活性，冰冻也不减其作用，在严格密封和干燥的条件下，能保持其作用达数年之久。

蜂毒含水分80%~88%，干物质中蛋白质类占75%，灰分占3.67%，含有钙、镁、铜、钾、钠、硫、磷、氯等微量元素。近60年来，各国学者在研究蜂毒方面做了大量的研究工作，证明蜂毒是一种成分复杂的混合物，目前已知含有若干种蛋白质多肽、酶类、生物胺和其他物质。

三、蜂毒的采收

1. 直接刺激取毒法

用手或镊子夹住工蜂的胸部或双翼，使被激怒的工蜂蜇刺一张滤纸或动物膜，留下毒液，然后用蒸馏水洗脱滤纸或动物膜，蜂毒溶于水中，经蒸发干燥即得粉末状蜂毒物质。用这种取毒方法，所取得的蜂毒量少且不纯净，蒸发干燥易引起蜂毒中的酶失活，费工费时，同时被取毒的蜜蜂均要死亡，不宜大量生产蜂毒。

2. 乙醚麻醉取毒法

在一较大容器内放入适量乙醚，然后将大量蜜蜂放入该容器中。蜜蜂因吸入乙醚蒸气被麻醉而发生排毒，蜂毒排集在容器底部，取出被麻醉的蜜蜂即可收集蜂毒。经一定时间，蜜蜂苏醒后即可继续外出采集。

乙醚麻醉法较直接刺激法采蜂毒有所进步，不会造成大量蜜蜂死亡，但取得的蜂毒也不够纯净，使加工制成的蜂毒制剂浓度难以掌握，而且也会因麻醉技术掌握不准，造成部分蜜蜂死亡。

3. 电刺激蜜蜂取毒法

20世纪60年代后，国内外普遍采用电取毒器采集蜂毒。当蜜蜂受到电流刺激时，即会收缩腹部，排出蜂毒。经电流刺激过的工蜂仍可继续外出采集。

电取蜂毒的式样很多，但其基本原理和构造相似，由两部分组成：一部分是控制器，其作用是产生断续电流刺激蜜蜂使其排毒；另一部分是取毒器，包括由金属丝制成的栅状电网，电网下紧绷的尼龙布以及尼龙布下作为接收蜂毒的玻璃板。当蜜蜂停在电网上时，因受控制器产生的断续电流刺激，蜇针刺透尼龙布排毒，除小部分留在尼龙布上以外，绝大部分蜂毒排至玻璃板上，很快挥发成透明的结晶。

4. 蜂毒的贮存

将电取采毒后的玻璃板移置阴凉处，使蜂毒自然风干后用刮刀刮下，得粗蜂毒，然后把粗蜂毒溶于蒸馏水中除糖、脱色，再经冷冻、干燥，即得精制蜂毒，放入棕色小玻璃瓶中密封、干燥保存。尼龙布上的蜂毒可待其结晶后卷起放入塑料袋中，将口扎紧保存。

如果对蜂毒精品要求较高，可用氯仿、丙酮脱脂除去糖分及酸性物质，经反复精制使其有效的生物活性成分不得少于80%（以干燥品计），再将其冷却、干燥成蜂毒精品长期保存。

四、蜂毒的药理作用

1. 蜂毒对神经系统的作用

蜂毒是向神经性的，在大脑网状组织上具有阻碍作用和溶胆碱活性，并能改变皮层的生物电活性，尤其是蜂毒肽对N-胆碱受体有选择性阻滞作用，可使中枢神经系统突触内兴奋传导阻滞，并表现出中枢性烟碱型胆碱受体阻滞作用；蜂毒肽还能抑制周围神经冲动传导。

2. 蜂毒对心血管系统的作用

蜂毒有明显的降血压和扩张血管的作用，小剂量能使实验动物离体心脏产生兴奋，大剂量则抑制心脏功能。体内外实验证明蜂毒能促进细胞组胺的释放。

3. 蜂毒对血液的作用

蜂毒具有溶血和抗凝血的作用，治疗剂量极少引起溶血反应；较大剂量使血液凝固时间明显延长。另外，还具降低血栓素的功效，在改善微循环的基础上起缓解关节症状的作用。

4. 蜂毒抗炎镇痛作用

蜂毒中的单体多肽是抗炎的主要成分，它具有类激素样的作用，但无激素的不良反应。全蜂毒、溶血毒多肽、神经毒多肽、MCD-多肽均能刺激垂体—肾上腺系统使皮质激素释放增加而产生抗炎作用。溶血毒多肽还能抑制白细胞的移行，从而抑制了局部炎症反应。蜂毒镇痛作用特别显著，尤其是对慢性疼痛更为有效。蜂毒肽对前列腺素合成酶抑制作用是吲哚美辛的70倍，故有较好的镇痛消炎作用，镇痛强度为吗啡的40%，是安替比林的68倍，镇痛作用的持续时间亦较长，但无水杨酸类对消化道的刺激和甾醇类的免疫抑制作用。另外，安度拉平（Adolapin）是20世纪80年代从蜂毒中分离出一种抗炎镇痛多肽，有强力抗炎作用，对其脑前列腺合成酶的抑制作用约为消炎痛的70倍，这种抑制作用是产生抗炎作用的基本机制。

5. 蜂毒对消化系统的作用

目前研究较多的是蜂毒对大鼠实验性肝纤维化的影响，活蜂循经穴蜇刺治疗乙型肝炎和丙型肝炎引起的早期肝硬化有较好的效果。

6. 蜂毒抗肿瘤、抗菌和抗辐射作用

蜂毒对淋巴瘤、肉瘤都有抵抗作用，对Rous肉瘤和Hela细胞均有抑制作用。

7. 蜂毒对内分泌系统的作用

蜂毒对垂体—肾上腺皮质系统有明显的兴奋作用，能使肾上腺皮质激素和促肾上腺皮质激素ACTH释放增加，起到抗风湿，类风湿关节炎的作用。

8. 蜂毒对免疫系统的影响

蜂毒对免疫系统具有直接抑制作用。Melittin和Apamin能降低使小鼠产生溶血素的腺细胞的数量。但是小鼠去肾上腺后，蜂毒对其免疫系统呈现刺激作用。从而可推理出Melittin和Apamin作用是通过刺激肾上腺的相关皮质，增加了皮质激素的分泌，达到抑制免疫的目的。

五、蜂毒疗法的应用

蜂毒疗法由蜂蜇疗法与中医经络学理论相结合发展而成的一种针、药、灸三结合的复合疗法。目前，已有蜂毒素、蜂散痛、蜂特灵和蜂毒注射液等多种蜂毒制剂广泛应用于临床。

1. 蜂毒用于治疗神经痛等神经系统疾病

蜂毒肽能够提高疼痛阈，具有较好的镇痛作用，临床用于三叉神经痛、坐骨神经痛、偏头痛等，具有消炎止痛、活血化瘀、见效快、疗效可靠的特点。蜂毒具有扩张血管，改善血小板凝集性，减少糖蛋白沉积作用有关。蜂毒的抗凝和纤溶作用证明，蜂毒在体内促进血液纤溶活性强化，清除血栓形成前状态，对脑中

风后遗症、老年痴呆有较好的治疗作用。此外，蜂毒制剂对神经根炎、神经根神经炎、神经丛炎、面神经麻痹、颈椎病、癌性神经痛等神经系统病变均有较好的治疗效果。

2. 蜂毒用于治疗风湿性和类风湿性关节炎

蜂毒中的多肽具有抗炎作用，能降低毛细血管的通透性，抑制白细胞移行，抑制前列腺素E2的合成，并能兴奋肾上腺皮质功能，临床常用于风湿性和类风湿性关节炎。蜂毒治疗风湿性关节炎和类风湿性关节炎，具有起效快，疗效可靠，耐受性好等特点。

3. 蜂毒用于治疗高血压

蜂毒中的磷脂酶A2具有降压作用，这是通过组织胺的释放改变外周阻力来实现的，现已报道，蜂毒可治疗症状性高血压和高血压病，另外，蜂毒对于更年期症状性高血压具有良好治疗作用。此外，蜂毒对心绞痛、血栓闭塞性脉管炎、动脉粥样硬化等心血管系统疾病也有一定疗效。

4. 蜂毒用于治疗支气管哮喘

支气管哮喘是一种常见的发作性变态反应性疾病。长期的临床实践证明，蜂毒治疗支气管哮喘等变应性疾病用量宜轻，单纯性哮喘和小儿哮喘经蜂毒治疗的效果优于有并发症成人。

5. 蜂毒治疗艾滋病

德国采用蜂毒破坏病人体内艾滋病病毒的促进剂对病毒的转录，从而根除了病毒扩散体系。研究证明，蜂毒可减少70%的基因转录，使病毒的产生减少99%，蜂毒可直接从内部抑制了病毒的产生。

6. 蜂毒用于治疗其他疾病

蜂毒还可以治疗红斑性狼疮、带状疱疹、硬皮病、血管神经性水肿、血管舒缩性鼻炎、痉挛性结肠炎、牛皮癣、遗尿、痛风、甲状腺功能亢进、白塞病、妇科炎症、溃疡病、更年期综合征等疾病。

六、蜂毒疗法应注意的问题

蜂毒要在临床上应用，就要充分考虑其安全性。一只蜜蜂在蜇刺时可以射出0.1mg的蜂毒；一般人同时受到3~5只蜂蜇刺，就会产生局部的反应；200~300只蜂蜇就会引起中毒；短时间内受到蜂蜇500次，可致死亡，但对儿童，30~50只可致死。

一些外界因素，如环境温度和被蜇刺的位点也会影响致死率。不同体质的人对蜂蜇的反应不同，过敏体质的人，有时只要经一次蜂蜇，也可产生严重反应。大多数人对蜂毒能产生免疫力，常受蜂蜇的人，经过一个阶段后会产生免疫力，即使同时受到多只蜂蜇，也不会产生严重的反应。

1. 蜂毒过敏现象

不同的人对蜂毒的反应有所差异。绝大多数人接受蜂毒治疗时，在受蜜蜂蜇的部位会出现局部的痛、肿、痒的反应，这种局部反应，过几小时或几天就会自动消失。但有极少数人在接受蜂毒治疗时，会发生呕吐、腹痛或是全身皮肤潮红、瘙痒、荨麻疹、紫癜、怕冷、发热等全身反应、对产生轻度过敏反应的人，应进行药物脱敏治疗，方法是服用扑尔敏（4mg）和强的松（5mg）各1片，服用4h后还没有好，可以继续按以上方法服用，直至全身反应消失。对全身过敏反应严重者，应尽快到医院进行检查并治疗。

由于每个人对蜂毒反应存在差异，因此在采用蜂毒治疗疾病时，应先进行过敏试验，方法是：用1只蜜蜂在病人背部蜇刺，蜇后20min后拔出蜇针，第2天在背部再做一次同样的试验，每次按常规方法检查尿中有无蛋白质，若无蛋白质，则可进行蜂毒治疗，若蜂毒是针剂，可以进行皮下注射，第一次用0.25mL，第二次用0.50mL，第三次用0.75mL，同样，每次检查尿中有无蛋白质。对蜂毒过敏者，不宜采用蜂毒疗法。

2. 蜂毒疗法的禁忌症

蜂毒治疗病种类甚多，并且疗效显著，但不是因此说蜂毒是万能药。在临床中，对患有肝炎、肾炎、性病、糖尿病、胆囊炎、尿崩症、有出血倾向等疾病的患者禁止使用蜂毒；对老年人、儿童要慎用。

3. 蜂毒的使用剂量

由于治疗各种疾病机制尚未完全清楚，因此目前还没有一种全新的方法来鉴定蜂毒的效价。现在普遍采用将1只工蜂的排毒量（约0.2~0.4mL）作为一个治疗单位。治疗使用的剂量大小，要根据病人的耐受程度和病情的变化而定，一般使用1~4个治疗单位。

第三节　蜜蜂幼虫及蛹的加工技术

一、蜜蜂幼虫、蛹的简介

我国食用蜜蜂幼虫、蛹（蜂子）和作为药物利用的历史已有3000多年。早在公元前1200余年的《尔雅》和公元前三世纪的《礼记》中就有关于食用蜂子的记载——"土蜂，啖其子，木蜂，亦啖其子"。此外还有帝王贵族"以蜂宴客，嚼鸎蜩蜂"的史例。公元220～250年，后汉张机的《神农本草经》中则将蜂子列为上品，记有："蜂子主养命，以痒火，无毒，久服不伤人，轻身益气，不老延年"。唐代刘恂（公元877年）著《岭表录撰》中记述"土蜂子江东人亦人啖之，人亦食其子"。明代李时珍著的《本草纲目》和宋代著名医药学家苏颂在其巨著《图经本草》中也有介绍食用蜂子。所以说，我国食用蜂子史，也就是食用蜜蜂幼虫和蛹的历史悠久。比如，在我国南方一些地方吃蜂蛹（如胡蜂蛹）的习俗至今也非常流行（图8-1、图8-2）。

◉ 图8-2　胡蜂蛹

二、蜜蜂幼虫、蛹的成分及价值

蜜蜂幼虫有蜂王幼虫（图8-3）、雄蜂幼虫和工蜂幼虫3种。不但每种幼虫的成分不尽相同，就是同一种幼虫，由于采收的日龄不同，成分也常不一致。

蜂王幼虫。蜂王幼虫的成分和蜂王浆接近，平均含水量77%，蛋白质15.4%，

⊙ 图8-3 王台中的蜂王幼虫

脂肪3.17%，糖原0.41%，矿物质3.02%。根据分析，蜂王幼虫含有16种游离氨基酸，冻干粉含有18种游离氨基酸，其中，以赖氨酸和谷氨酸的含量最高。蜂王幼虫冻干粉中不仅含人体必需氨基酸的种类齐全，而且含量比绝大多数食品都高。

雄蜂幼虫。雄蜂幼虫、以蜂王浆和蜂粮为食，其营养成分高于牛奶、鸡蛋。邵有全（1986）对不同发育日龄的幼虫和蛹的主要成分进行了分析，其中20日龄幼虫（从卵算起）含水分73%，干物质27%、干物质中主要营养成分含量是粗蛋白41%、粗脂肪26.06%、碳水化合物14.84%；氨基酸的种类全面。

雄蜂蛹（图8-4）的成分种类和雄蜂的幼虫基本相同，只不过所含的量有所不同。

⊙ 图8-4 雄蜂蛹

三、蜜蜂幼虫、蛹的加工

蜜蜂幼虫和蛹在常温下极易腐烂败坏，是大规模开发的重要障碍之一，如果把它们进行深加工，不但可以解决难于保存的问题，而且便于作为一种大众商品满足广大人民生活、保健和养殖业的需要，有利于促进养蜂业的稳步发展。

1. 蜂王胎片的加工

蜂王幼虫比鲜蜂王浆更难保鲜。用白酒浸泡，虽可暂存一时，但不适合不会饮酒者服用，而且保管、携带都不方便。可将蜂王幼虫制成蜂王胎片（图8-5），临床研究表面，效果不减，疗效显著。

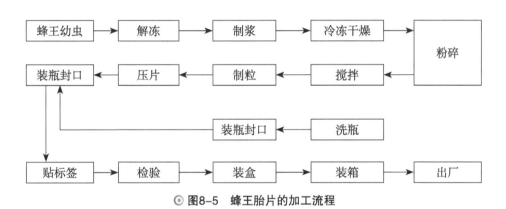

⊙ **图8-5 蜂王胎片的加工流程**

2. 雄蜂蛹粉的加工

新鲜雄蜂蛹冷冻保存最好，但是冷冻的产品每次使用或销售前需先解冻，既占体积，又费设备，手续麻烦；盐水烧煮风干保存，一般只能暂时存放数日；添加防腐剂保存，虽然时间较长，但往往有损于质量。因而把雄蜂蛹制成冻干粉，既能长期保存，又方便携带，使用也较方便。

一种制备雄蜂蛹冻干粉冲剂其具体工艺如下：

（1）原料的制备

雄蜂蛹冻干粉：将经挑选，剔除杂质的鲜雄蜂蛹，磨成匀浆后冷冻干燥，将冻干后的雄蜂蛹蛹块研磨成蛹粉备用。

黄芪流浸膏：将经挑选，剔除杂质的黄芪加水煎煮2~3次，过滤后取其煎煮液，浓缩至流浸膏备用。

蜂胶粉、花粉：将蜂胶粉、花粉进行原料检验，过筛及杀菌后备用。

（2）操作

备好上述原料后按配方将淀粉、甜味剂、黄芪流浸膏、雄蜂蛹冻干粉依次送入混合机中混合，待混合均匀后再加入蜂胶粉与花粉继续混合，待上述物料混合均匀后再加入蜂胶粉与花粉继续混合，待上述物料混合均匀后投入制粒机造粒，将得出的颗粒低温烘干后过筛，再按照常规工艺制成冲剂或者胶囊，真空包装后即为成品。

3. 蜂幼虫粉的加工

配方：蜂蜜60%~85%、破壁蜂花粉10%~15%、鲜蜂王浆3%~10%、蜂王幼虫冻干粉0.5%~2%、雄蜂蛹冻干粉0.5%~2%。上述含量是以该组合物总重量计。加工工艺：

（1）蜂蜜原料预处理

将原料蜜倒入融蜜箱祛除结晶，然后进行巴氏灭菌，再通过双联过滤器进行过滤，将制得的蜂蜜暂存于洁净的不锈钢储罐中，水分控制在19%~22%。

（2）混合物料

① 花粉破壁。

② 蜂王幼虫冻干粉，雄蜂蛹冻干粉过80目筛。

③ 将称取的步骤①所得的破壁花粉、步骤②所得的蜂王幼虫冻干粉，雄蜂蛹冻干粉倒入V型混合机混合均匀，暂置于大的不锈钢桶中。

④ 称取步骤A处理过的蜂蜜，倒入搅拌机中，开启加热装置，温度设为60℃，同时开启搅拌装置，使中心物料和外周物料温度均匀。

⑤ 在蜂蜜加热到60℃时，加入鲜王浆，搅拌均匀。

⑥ 将步骤⑤中的混合物缓慢放出，与步骤③中的粉料混合，并不断搅拌均匀直至粉料和蜂蜜完全混匀。

（3）均质

① 将步骤B所得混合物过胶体磨。

② 调节胶体磨的缝隙细度为10μm、频率50Hz。

③ 倒入后先循环10min；接出部分物料，倒入料斗，如此循环多次，再让物料自动循环。

④ 观察物料的细腻程度，完全没有颗粒感，即可放出。

（4）制得蜂五宝蜜膏

该产品的特征是（3）步骤所制得蜂蜜制品的水分含量不大于20%。

4. 雄蜂蛹的盐渍

这是一种既简单又有效的处理方法。盐渍就是通过食盐溶液对雄蜂蛹体的渗透，使其体内水分逐渐脱出，同时使微生物生长发育受到抑制，达到延缓腐败，防止黑变的效果。

加工时，将采收的新鲜、完好的雄蜂蛹放入含盐量25%~35%的食盐水中，煮沸15~20min，用漏勺捞起蜂蛹倒入竹筛，摊开晾干至蛹体外无水为止。其标准是抓一把蜂蛹放在纸上，再倒回去，纸不沾湿。将晾干的蜂蛹装入布袋（每袋不超过2kg为宜），挂在通风处，以进一步降低蜂蛹的水分，直至体表出现细小食盐结晶析出，然后再装入塑料食品袋内密封待售。经这样处理后的雄蜂蛹，可在常温下贮存数周，基本能满足收购、贮运和后续加工的要求，若需贮存更长的时间，宜放入冰箱或冰柜冷藏。煮蜂蛹的锅要用铝锅，忌用铁锅，因铁锅煮的蜂蛹颜色发黑，影响外观。煮过蜂蛹的盐水，每重复使用一次，都要按每千克盐水加0.15kg比例加入食盐，并煮沸使补充的食盐充分溶化后再用。

四、蜂蜜躯体的应用

现阶段蜜蜂躯体主要应用方面如下：

1. 应用于食品

由于幼虫的丰富营养素及活性物质，在国际上被公认是一种高级纯天然营养食品。鲜幼虫可直接烹饪，油炸或椒盐炒或做汤或做粥等。可将生产出的幼虫挑选后，装入无菌食品袋（最好真空包装），作为冷冻食品原料，进入市场供人们食用。在欧洲、美国、日本等地区，个体完整的蜂蛹已同其他昆虫一样进入冷冻食品超市，作为营养精品上了餐桌，如蜂子罐头、蜂蛹饼干、蜂蛹糕点、蜂蛹甜点、油炸蜂蛹等。近年来，国内企业也开发利用雄蜂蛹产品，主要以硬胶囊为主，消费人群多以男性人群为主。

2. 应用于保健品

幼虫的营养成分十分丰富，保健作用较为广泛。据报道，幼虫不仅能使体质弱的病人增进食欲，改善睡眠，而且还能调节人体的中枢神经系统、内分泌新陈代谢等。据报道，幼虫的一些高活性物质能使受肿瘤等疾病破坏的细胞结构正常化；蜕皮激素的粗制品能抑制癌细胞的生长。而蛹干粉的应用更为广泛，既可与面粉混合做成各种保健饼干、糕点等高级营养食品，还可以配以辅料做成胶囊、片剂作为保健品及药品，以辅助治疗肝炎、内风湿性关节炎、神经衰弱、营养不良、体虚、乏力等各种疾病，提高人体免疫力，增强人体健康。蜂蛹的谷氨酸及天门冬氨酸的含量较高，这将有益于健脑。

3. 应用于饲料

蜂体含有丰富的蛋白质，17种氨基酸、多种维生素、微量元素，还含有合成磷脂酶A及组胺的前物质。蜂体是重要的蛋白质原料，加拿大研究人员将鲜体脱水制成蜜蜂粉，并从蜜蜂粉中提取浓缩蛋白质产品，这种产品蛋白质含量很高，分别为56.6%和64.2%。蜂体是一种很好的蛋白质饲料。

第九章

蜂产品的营销模式及发展

第一节　我国蜂产品的销售模式现状

　　我国是世界第一养蜂大国，养蜂历史悠久，现有蜂群910万群左右，居世界首位。全国出口的蜂蜜原料约占国际市场总量的20%，已成为世界上最大的蜂产品生产和出口国。据中国蜂产品协会公布的数据显示：目前我国蜂产品加工企业约2000多家，遍及全国各地，浙江、江苏、北京、湖北、安徽等地蜂产品企业较多。有许多企业进行蜂产品生产，并从事进出口贸易，其中外贸进出口企业占全国蜂产品企业的20%~25%。蜂产品加工企业年产值约80亿元，但年销售额在1000万元以上的大型企业不超过100家，中型和小型的企业居多，另外，还有零散的个体销售者。

一、我国蜂产品的市场贸易体系已基本形成

主要体现在四个方面：

1. 我国的蜂产品产量稳居世界第一，生产经营规模不断扩大

　　我国蜂蜜产量从2005年的29.32万吨上升到2014年的46.82万吨，10年增长17.5万吨。2014年蜂王浆产量近3000吨，蜂胶毛胶产量450吨，蜂花粉产量近1万吨，贸易量在5000吨左右。我国蜂王浆、蜂胶、蜂花粉和蜂蜡的产量一直保持在世界

前列，贸易规模不断扩大。

2. 蜂产品内销市场发展迅速，潜力巨大

我国地域广阔，蜜源丰富，人口众多，随着人民生活水平提高，特别是近几年人们养生保健意识不断增强，蜂产品国内消费市场潜力在逐步释放。内销市场占有份额越来越大，2005年销售蜂蜜20.5万吨，到2014年销售达到33.84万吨，十年增长13.34万吨;蜂王浆销售1200吨左右;蜂花粉销售3000多吨;可以看出，消费水平增长迅速，蜂产品内销市场拓展很快。

3. 我国蜂产品出口量位居世界首位

我国蜂产品出口创汇已形成规模，近些年出口量屡创历史新高。蜂蜜出口由2005年的8.8万吨到2014年达到了12.98万吨，占世界蜂蜜贸易总量的1/4。2014年蜂王浆出口1400吨，蜂花粉出口1808吨，蜂蜡出口10782吨，都创历史新高。据海关不完全统计，2014年我国蜂产品年出口额约在24亿元人民币。

4. 行业规模化经营水平逐步提升

近年来，蜂产品企业发展速度不断加快，尤其是规模以上的企业发展比较稳定，年销售额超过亿元以上的企业近30家，过千万元的企业上百家，行业总产值已超过200多亿元。一大批企业在升级改造，几十亩、上百亩的蜂产业园区正在兴建。截止到2015年6月，不同规模的蜂产品加工经营企业取得国家QS认证的已达1186家。随着市场化进程的加快，蜂产品从初级农产品已发展成为普通食品和保健品、医药品，基本形成了以蜂产品加工企业为龙头的产销链条，联结上游的蜂农合作社蜂产品生产，联结下游的全国各地经销商、加盟商、电商进行市场销售。营销渠道以超市卖场、专卖店为主，全国现有蜂产品专卖店、专柜近2万多个，电子商务正在崛起，蜂产品营销多元化的局面正在形成。

2015年对北京市场和网销情况调查，国产蜂蜜价格在逐步提升，对1443个蜂蜜样本统计均价为37.6元/500g，较2014年增长6.2%。

总之，我国蜂产品市场营销正在由单一的传统营销为主转向多元化，全行业的蜂产品企业整体实力明显增强;蜂产品价值在明显回归，蜂产品的声誉在明显恢复。我国的蜂产品行业已经步入了快速发展的轨道。

中国蜂产品的销售具有很强的地域性特点，大部分地方都有当地比较知名的蜂产品销售生产企业，企业的大部分蜂产品销售主要集中在本地。在蜂产品市场销售额和利润中，蜂胶制品、蜂王浆等制品占据重要地位，蜂蜜和蜂花粉在整个

蜂产品市场中所占销售利润相对较小。

　　蜂产品企业生产的产品主要有蜂蜜、蜂王浆、蜂胶、蜂花粉等，国内市场稳步发展，特别是鲜蜂王浆的零售稳中有升；行业抗风险的能力进一步增强，行业各方都取得了良好的经济效益。

　　蜂产品企业的主要销售渠道一般包括：经销商、加盟店、各大超市、药店以及产蜜区就地销售。同时，还包括会议营销、团体营销、直销等新型渠道。

　　① 特许加盟店。许多知名的蜂产品企业采用了这种营销渠道模式。蜂产品企业提供产品或服务，加盟方按照公司的专卖经营模式，接受公司的统一市场管理模式、经营规范条例，加盟方在其经营专卖范围内销售蜂产品。加盟方在加盟之前，蜂产品企业需将本身的销售经验教授给加盟方并且协助创业与经营，双方都必须签订加盟合约，以获利为作为共同的合作目标。

　　② 直营店。蜂产品企业直营店是指店铺均由公司总部投资或控股（图9-1、图9-2），在总部的直接领导统一经营。总部对店铺实施人、财、物及商流、物

◎ 图9-1　蜂产品直营店

◎ 图9-2　蜂产品直营点展台

流、信息流等方面的统一管理。直营店能够实行集中管理、分散销售，充分发挥规模效应，同时能获得较高的利润。

③ 经销商。经销商从蜂产品公司买断蜂产品后，在规定的区域内发展分销商和加盟连锁店进行销售。蜂产品经销商需达到公司规定级别的订货金额要求，其在代理区域里享受公司在约定时间内的区域保护政策，并承担因完不成代理销售任务而产生的责任。这种渠道模式对于企业风险较小，可以充分利用经销商的销售人员和销售网络，大力扩展市场，降低自己建设渠道的费用，能够提高企业资金周转率。但这种渠道模式因各自的利益关系，很容易产生许多冲突。例如因经销商为了追求销售额而在区域以外以较低的价格窜货，导致蜂产品市场价格体系混乱，使得蜂产品企业难以控制市场价格。蜂产品经销商因自身实力等原因，在渠道建设方面有时很难达到企业的要求，对蜂产品企业销售很不利。

④ 会议营销。会议营销的实质是对目标顾客的锁定和开发，主要用在保健品的销售方面，其向顾客传播企业形象和产品知识，以产品专家的身份对目标顾客进行隐藏式的销售。现在有许多蜂产品企业采用会议营销方式进行销售，寻找特定顾客，采用亲情服务和产品说明会的方式销售蜂产品。

⑤ 超市销售。在大型超市的商品开架销售，顾客自由选择，其主要经营食品、家庭日用品等，能薄利多销、周转率高。许多蜂产品企业会选择在大型超市

出售产品，大型超市一般处于市区，人流量大，蜂产品作为普通的商品，选择超市可以解决顾客的购买的便捷性。

二、蜂产品经营模式的转变

蜂产品传统销售模式经过几十年的发展，很多已经无法适应当前的市场发展。近10年来，蜂产品地面专卖店关门的越来越多，以前传统的蜂产品专卖店（图9-3~图9-5）随处可见，近几年，几乎不见踪影。

主要原因很可能是互联网营销模式的冲击，互联网的发达，大部分业务由线下转移到线上。

蜂产品经营者应根据时代发展，拓宽产品营销模式，除传统专卖店模式外，还结合互联网+的发展趋势，不断学习新的销售模式，借助互联网，通过淘宝、京东等平台扩大宣传（图9-6~图9-8），扩大产品的销售渠道。此外，在蜂产品的经营范围和产品包装上也需要多下功夫，增加消费者对产品的了解。如开发一些少数民族蜂蜜（图9-9~图9-12）以及一些区域特色的蜂蜜（图9-13~图9-15）等市场上少见的产品来扩大产品范围，另外，蜂产品美容产品也越来越多，在营销传统产品时可以加入这些新的产品类型（图9-16、图9-17）。

◎ 图9-3　传统小型蜂产品专卖店

◎ 图9-4　蜂产品专卖店

◉ 图9-5　蜂产品专卖店

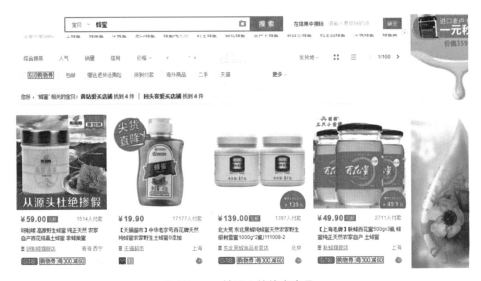

◉ 图9-6　某网上的蜂蜜产品

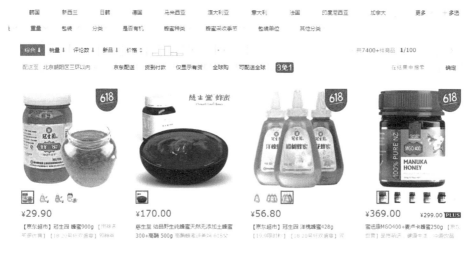

◉ 图9-7　网站上的蜂蜜产品

◉ 图9-8　互联网微店

◎ 图9-9　傣族水蜜

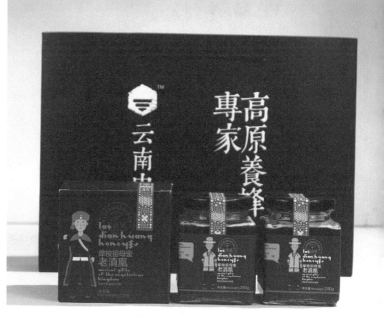

⦿ 图9-10　云南摩梭族蜂蜜

◉ 图9-11　佤邦土蜜

◉ 图9-12　白族金花蜜

◎ 图9-13　香格里拉冬蜜

◎ 图9-14　玫瑰花蜜酱

◎ 图9-15　玉龙雪蜜（苕子蜜）

◎ 图9-16　内含蜂产品成分的化妆品

◎ 图9-17 蜂产品化妆品专柜

三、国内市场信誉危机

蜂产品市场进入门槛低，难免有一些人受到利益驱使，进入蜂产品行业，将一些假冒伪劣产品推向市场，导致市场产品质量良莠不齐。虚假宣传、夸大宣传、概念炒作时有发生。这里，需要各方携手努力，杜绝假货。

四、国际市场不容乐观

我国虽是世界养蜂大国，蜂产品生产大国，但从人均消费来看，并不是蜂产品消费大国。我国出口蜂产品，多以原料出口，有"品"无"牌"，有"量"无"价"；而且出口目的国也相对集中，价格受到制约。2002年初，欧盟以我国动物源性产品抗生素残留超标为由，全面禁止我国蜂蜜进入欧盟市场。之后，美国、日本等出口大国也相继对我国进口蜂产品提出了各种限量措施，严重影响了我国蜂产品出口。

第二节 蜂产品市场营销发展模式探讨

一、规范市场

通过提供合格的、优质的产品，满足消费者的需求，保持良好的市场环境。蜂产品市场就是一块大蛋糕，只有行业共同努力，打造一个优秀的市场环境，蛋糕才能更加芳香。

第一，质量第一，质量首先要过硬。不论是各种营销模式，首先应保证自身产品的质量，杜绝掺假和劣质产品，也杜绝以次充好欺骗消费者。

第二，提升自身形象。企业形象是企业最宝贵的财富之一，是企业精神文化的一种外在表现形式，是企业的无形资产，所以企业要建立和维护好自身良好形象。良好的企业形象不是一朝一夕能造就的，而一旦在公众中树立起了良好的企业形象，就会在人们的潜意识中留下对这个企业的认同，为消费者的消费行为提供品牌指引。个体户的销售形象同企业一样，也需要经营维护。

第三，科学宣传、普及蜂产品知识。"酒香不怕巷子深"。对于蜂产品市场的推广已经不太适用了。因此，蜂产品行业进行科普宣传，普及蜂产品知识是非常必要的。通过宣传，让消费者全面了解蜂产品知识，科学放心地购买、消费蜂产品，为消费者提供科学指引，激起人们通过消费纯天然蜂产品达到强身健体目的的需要和欲望。

第四，规范市场。蜂产品企业辛辛苦苦树立起来的品牌，有时会受到个别不法商家的扰乱，甚至出现一根稻草压死骆驼的现象。因此，整个行业要齐心协力，监督市场，不断激起消费者的购买欲望。

二、营销团队建设

随着市场经济的不断深入与发展，营销理念与营销活动也在不断地深入，营销的作用及其重要性，也越来越受到各阶层、各企业领导的普遍重视。作为营销的载体——营销团队，在市场营销活动中将起着至关重要的作用。第一，营销队伍要不断学习，提高自身素质，具备专业技术知识，在营销过程中，作为企业与消费者之间的纽带，能够为消费者解答、普及蜂产品知识。第二，能够团结合作。当前，必须依靠团队的力量才能提升企业的销售业绩，只有整个团队的力量比竞争对手优秀才能在竞争中取得优势。因此，有效地发挥团队的力量已经成为赢得市场的必要条件。

三、建立企业自身的营销模式

目前，我国多数蜂产品企业还采用传统的营销模式，自产自销、店面销售、专卖店以及商超销售。随着世界一体化和经济全球化进程的不断加快，世界各国的国内市场逐渐连为一体，众多企业营销活动者将在一个场合内同台竞技。

第一，在竞争激烈的现代社会，要想立足市场，必须建立企业自身的销售模式。企业及销售者应在产品上市之初做好战略规划，稳扎稳打，稳步推进。全国各地市场千差万别，在北方市场行之有效的手法，在南方不一定适用，所以很多企业选择了精耕细作，区域化营销。好产品通过好策划进行定位，才能迅速脱颖而出。在市场操作越来越规范的转型时期，为产品量体裁衣做合身的形象定位显得更加重要。作为企业，首先要确定自己的营销模式。目前新兴营销模式中的会议营销、数据库营销在蜂产品市场中发展较快，并取得了很好的销售业绩。电子商务营销也在逐渐兴起。

第二，准确定位。包括产品组合、市场定位、价格定位、销售渠道与宣传途径定位等。

第三，长期盈利为目标。企业的销售是以消费者和顾客为主体的，因此，在市场经济当中我们一直在强调一句话叫作"顾客就是上帝"。消费者和顾客对于企业产品和商品的购买程度，决定着企业的营销业绩和销售利润。在现代社会，企业的市场营销不再像过去只关注短期利益和短期业绩，而是更加讲究长期持续地发展营销策略。这就需要企业在销售过程中保障产品质量、产品性能、产品美观性、服务态度和产品售后都达到最优，从而在根本上保障企业的长期和可持续发展。

参考文献

［1］吴杰. 现代农业科技专著大系：蜜蜂学［M］. 北京：中国农业出版社，2012.

［2］安建东，彭文君. 无公害蜂产品安全生产手册［M］. 北京：中国农业出版社，2008.

［3］胡福良. 蜂胶药理作用研究［M］. 杭州：浙江大学出版社，2005.

［4］闫继红. 蜂产品深加工与配方技术［M］. 北京：中国农业科技出版社，2005.

［5］陈黎红，张复兴. 参加"日本蜂胶学术研讨会"及"日中蜂业恳谈会"的情况汇报［J］. 中国蜂业，2003，54（3）：33-35.

［6］刁青云，闫继红，吴杰. 蜂胶的研究进展［J］. 养蜂科技，2003，6：19-22.

［7］侯爽. 蜜蜂巢脾活性成分的提取与鉴定及其功能性研究［D］. 哈尔滨商业大学. 2011.

［8］刘娟. 蜂王浆蛋白的分离纯化及常温储存过程中的变化［D］. 北京：中国农业科学院，2012.

［9］刘红云，童富淡. 蜂毒的研究进展及其临床应用，中药材，2003，26（3）：456-458.

［10］罗照明. 中国蜂胶中多酚类化合物的研究［D］. 北京：中国农业科学院，2013.

［11］罗照明，张红城. 中国蜂胶化学成分及其生物活性的研究［J］. 中国蜂业，2012，63（6）：55-62.

［12］吕泽田，胡福良，陈明虎等. 访问日本蜂胶协议会对话录（续）［J］.

中国蜂业，2010，61（9）3.

［13］任向楠. 超声波辅助酶法破壁油菜花粉的研究.［D］. 北京：中国农业科学院：2010.

［14］王伟. 蜂房化学成分的研究［D］. 沈阳：沈阳农业大学. 2007.

［15］张红城，董捷，张旭，高远. 油菜蜜中硫代葡萄糖苷及其降解产物的鉴定［J］. 食品科学，2009，20：363-366.

［16］张红城，孙丽萍，董捷，唐凤培，张智武，徐响. 蜂王浆在常温储存条件下品质变化的研究［J］. 食品科学，2007，11：159-161.

［17］孙丽萍，董捷，王芳. 蜂王浆抗老年性痴呆的机理浅析［J］. 中国养蜂，2001，06：28.

［18］吴正双. 蜂胶提取物中酚类化合物分析及其抗氧化和抗肿瘤活性研究［D］. 华南理工大学，2011.

［19］Han B, Li C, Zhang L, et al. Novel royal jelly proteins identified by gel-based and gel-free proteomics［J］. Journal of agricultural and food chemistry, 2011, 59（18）: 10346-10355.

［20］Sano O, Kunikata T, Kohno K, et al. Characterization of royal jelly proteins in both Africanized and European honeybees（*Apis mellifera*）by two-dimensional gel electrophoresis［J］. Journal of agricultural and food chemistry, 2004, 52（1）: 15-20.

［21］龚一飞主编. 养蜂学［M］. 福州：福建科学技术出版社，1981.

［22］田家华. 蜂产品企业营销渠道绩效评价研究［D］. 福州：福建农林大学，2009.

［23］刘建平，王秀红，梁世亮. 我国蜂产品市场营销模式分析［J］. 中国畜牧业，2014，18：85-86.

［24］申小阁，胡福良. 蜂胶抗癌机制的研究进展［J］. 中国蜂业，2014，65（7）：31-33.

［25］郑宇斐，王凯，胡福良. 蜂胶抗肿瘤活性及其机制的研究进展［J］. 天然产物研究与开发，2016（4）：627-636.

［26］黄莺莺，胡福良. 蜂胶在食品保鲜中的应用研究进展［J］. 蜜蜂杂志，2017，37（4）：3-7.

[27] 陈伊凡, 胡福良. 蜂蜜抗癌作用机理 [J]. 蜜蜂杂志, 2014, 34 (12): 9-10.

[28] 陈伊凡, 胡福良. 蜂王浆的性激素样作用 [J]. 中国蜂业, 2015, 66 (6): 46-49.